数码摄影后期处理
从入门到精通
（实战案例分析版）

邢义杰 著

人民邮电出版社

北 京

图书在版编目（CIP）数据

数码摄影后期处理从入门到精通：实战案例分析版 /
邢义杰著. -- 北京：人民邮电出版社，2019.1
ISBN 978-7-115-49511-2

Ⅰ. ①数… Ⅱ. ①邢… Ⅲ. ①图象处理软件 Ⅳ.
①TP391.413

中国版本图书馆CIP数据核字(2018)第226528号

内 容 提 要

本书以66个照片处理案例为引导，本着将理论与实践真正结合在一起的思路，除了详细讲解案例的具体操作方法与技巧外，还着重分析了执行某个操作的目的、操作后照片还存在哪些问题、如何解决这些问题、哪些问题需要先处理、哪些问题可以放在后面处理等，从而让读者真正将每个案例"学透"，掌握其精髓，以应对各种不同的后期处理需求。本书以让读者"出色、高效"完成后期处理工作为目的，除了介绍Photoshop的使用外，本书还着重讲解了配合Camera Raw进行后期处理的技法。

本书提供了所有后期处理案例的多媒体学习资料，对于书中部分疑难知识讲解及实例操作，可以通过观看视频教学文件进行学习。

本书不但适合摄影爱好者、美工、网店店主、平面设计师、网拍达人、图形图像处理爱好者，也可作为社会培训学校、大中专院校相关专业的教学参考书或上机实践指导用书。

◆ 著　　　　邢义杰
　　责任编辑　张　贞
　　责任印制　周昇亮

◆ 人民邮电出版社出版发行　　　北京市丰台区成寿寺路 11 号
　　邮编　100164　　电子邮件　315@ptpress.com.cn
　　网址　http://www.ptpress.com.cn
　　北京盛通印刷股份有限公司印刷

◆ 开本：787×1092　1/16
　　印张：15.5　　　　　　　　　2019 年 1 月第 1 版
　　字数：414 千字　　　　　　　2019 年 1 月北京第 1 次印刷

定价：89.00 元

读者服务热线：(010)81055296　印装质量热线：(010)81055316
反盗版热线：(010)81055315
广告经营许可证：京东工商广登字 20170147 号

本书是一本讲解数码照片后期处理的技术型图书，虽然当前图书市场上已经有许多同类型的产品，但与之相比，本书整合了大量相关资源，形成了三层网格式的综合性学习方法，具体介绍如下。

第一层：理论、案例、思路分析

理论是对实践的指引，案例是对实践的磨炼，这也是学习任何知识时，必不可少的两大组成部分。

在理论方面，本书第1章从"后期决定一切"的观点入手，分析并强调了随着摄影知识及器材的普及，摄影师及摄影爱好者水平的普遍提高，后期处理正逐渐成为照片优劣的决定性因素，并在此基础上，逐层分析了摄影与后期之间的关系，以及照片处理过程中常见的典型误区。然后，本章还介绍了数码照片后期处理的基本流程，以及进行无损照片处理的关键思路与技术，从而让读者在后期处理的理论层面及技术层面，理出一个清晰的基本思路，为后面的实践做好充分的准备。

在案例方面，本书精选了66个照片处理案例，其中第2章~第6章分别从二次构图、曝光、色彩、锐化与去噪、黑白的角度，配合精美、典型的处理实例，讲解了最基本、最常用的照片后期处理技术，让读者对这些基础技术有一个充分的了解，为后面进行更复杂、更具综合性的处理工作打下坚实的基础。第7章~第8章讲解了难度升级的创意合成与特效处理，以及Camera Raw调整处理技巧。第9章~第12章选取了照片后期处理中最常见的题材，如人像、人文、风光等，讲解了从原片到成片、从Camera Raw到Photoshop的多维度后期处理工作，让读者能够从这些典型案例中学习到综合性的后期处理技术。

第二层：简单实用的软件知识

随着摄影器材、摄影技术以及摄影师水平的提高，后期处理所面对的问题和类型也越来越多样化，而且人们拍摄照片并有后期处理需求的机会也越来越大，相应的，后期处理工作也会越来越烦琐，因此本书并未拘泥于Photoshop这一款软件，而是本着让读者"出色、高效"地完成后期处理工作的目的，讲解了大量Adobe Camera Raw与Photoshop相配合进行照片处理的案例。

第三层：图书、视频、网络交流

除了跟随图书内容学习后期处理知识外，笔者还委托专业的讲师，针对本书中的所有照片处理案例，录制了多媒体教学视频，如果在学习中遇到问题，可以扫描每个案例的二维码，观看相应的多媒体视频解答疑惑，提高学习效率。

此外，笔者还十分重视与读者线上的交流和讨论，因此建议大家，关注Photoshop学习微信号PS17XX（PS一起学习的谐音），在这个微信号中我们会每天更新最新鲜、实用的Photoshop学习内容。

由于水平与时间有限，本书在操作步骤、效果及表述方面定然存在不少不尽如人意之处，希望各位读者来信指正，笔者的邮箱是Lbuser@126.com。

本书提供的素材图像仅允许本书的购买者使用，不得销售、网络共享或做其他商业用途。

编　者

资源下载说明

本书附赠案例配套素材文件，扫描"资源下载"二维码，关注"ptpress摄影客"微信公众号，即可获得下载方式。资源下载过程中如有疑问，可通过客服邮箱与我们联系。

客服邮箱：songyuanyuan@ptpress.com.cn

扫一扫 学摄影

资　源　下　载

扫　描　二　维　码
下 载 本 书 配 套 资 源

Contents 目录

第 1 章　数码照片后期处理基础知识与必备技术

1.1　摄影与后期处理的关系 10

　　1.1.1　为什么说"后期决定一切" 10

　　1.1.2　后期处理是伴随摄影而生的 11

　　1.1.3　摄影不能完全依靠后期处理 12

　　1.1.4　后期处理的尺度把握 12

1.2　照片后期处理的基本流程 14

　　1.2.1　尺寸与构图 14

　　1.2.2　曝光调整 15

　　1.2.3　色彩校正与润饰 16

　　1.2.4　瑕疵修复 16

　　1.2.5　清晰化润饰 17

1.3　后期调色处理的必要性 17

　　1.3.1　色彩强化 17

　　1.3.2　色彩校正 17

　　1.3.3　色彩特效 18

1.4　调色处理思路：先定调，再调色 19

1.5　色轮与调色 20

　　1.5.1　色轮的来源 20

　　1.5.2　色轮的演变 20

　　1.5.3　色轮对后期调色处理的指导意义 21

Contents 目录

第2章 二次构图与照片矫正、润饰

2.1 标准三分构图的裁剪技巧 24

2.2 正方形构图法 25

2.3 斜线构图的裁剪技巧 27

2.4 调校照片透视问题 29

2.5 使用仿制图章工具修除海滩上的多余元素 31

2.6 使用修补工具自定义修除照片中的杂物 34

第3章 调整照片影调

3.1 选择画面主体并修复曝光不足问题 37

3.2 恢复大光比下照片阴影处的细节 39

3.3 制作出牛奶般纯净自然的高调照片 42

3.4 快速纠正测光位置选择错误的水景大片 48

第4章 修饰照片色彩

4.1 调校错误的白平衡效果 52

4.2 模拟自定义白平衡拍摄的色彩美化处理 56

4.3 模拟高色温下的冷色调效果 61

4.4 模拟低色温下的金色夕阳效果 64

4.5 将黄绿色树叶调整成为金黄色 67

第5章 锐化与去噪

5.1 快捷易用的"USM锐化"提升照片细节 70

5.2 利用高反差锐化技巧并提升照片的立体感 72

5.3 利用"红"通道锐化人像 74

5.4 Lab颜色模式下的专业锐化处理 76

5.5 使用"减少杂色"命令消除因长时间曝光产生的噪点 ... 78

5.6 优化大幅提高曝光后产生的大量噪点 82

第6章 将照片转换为黑白

6.1 通过分色调整的方法制作富有层次感的黑白照片 87

6.2 调制高反差的黑白大片 91

6.3 制作层次丰富细腻的黑白照片 94

第 7 章　照片创意合成与特效

7.1 运用合成手法打造唯美水景大片 98

7.2 合成多张照片获得宽画幅星野照片 104

7.3 利用堆栈技术合成流云效果的无人风景区 108

7.4 制作唯美的光斑效果 114

7.5 抠选大树并合成视觉图像 115

7.6 创意悬浮人像合成处理 118

7.7 模拟多重曝光创意摄影 124

第 8 章　用Adobe Camera Raw调整照片

8.1 利用RAW照片宽容度巧妙曝光与色彩 130

8.2 用相机校准功能改变照片优化校准效果 132

8.3 使用HSL与调整曲线优化平淡的照片色彩 135

8.4 用渐变滤镜功能改善天空的曝光与色彩 139

8.5 通过调整色温、曝光及色彩制作典雅古画效果 142

8.6 用Camera Raw合成出亮部与
　　暗部细节都丰富的HDR照片 146

第 9 章　人像照片修饰与处理

9.1 修饰与加深眉毛 150

9.2 专业牙齿美白术 152

9.3 模拟漂亮的美瞳 154

9.4 为脸蛋增加可爱的腮红 156

9.5 使用快速选择工具抠图并更换衣服颜色 157

9.6 美腿拉长处理 159

9.7 为人物瘦脸 161

9.8 高反差保留磨皮法 163

9.9 修出诱人S形曲线 166

Contents 目录

Contents 目录

第 10 章　人像照片调色

10.1　曝光过度的废片处理得到日系清新色调 170

10.2　甜美清新的阿宝色 172

10.3　淡彩红褐色调 174

10.4　浪漫蓝紫色调 177

10.5　唯美秋意色调 179

10.6　梦幻淡蓝色调 182

10.7　经典蓝黄色调 187

10.8　低调胶片质感人像 189

第 11 章　人文照片后期处理

11.1　模拟HDR色调合成人文情怀照 193

11.2　制作有质感的人文照 196

11.3　合成中灰色调人文情怀照 199

第 12 章　风光照片后期处理

12.1　冷调雪景下的红艳故宫 203

12.2　蓝紫色调的意境剪影 206

12.3　蓝黄色调的魅力黄昏 210

12.4　壮观的火烧云 211

12.5　红艳色调的靓丽夕阳 214

12.6　湛蓝天空映衬下的碧绿北极光 221

12.7　使用堆栈合成国家大剧院完美星轨 226

12.8　用StarsTail制作出完美星轨 234

12.9　将暗淡夜景处理为绚丽银河 239

第 1 章

数码照片后期处理基础知识与必备技术

1.1 摄影与后期处理的关系

1.1.1 为什么说"后期决定一切"

"后期决定一切"的说法看似武断，但对绝大部分摄影爱好者而言，却是真实成立的。对这些摄影爱好者来说，前期拍摄时，最能影响照片质量的就是器材和摄影方面的理论知识（如构图、用光、用色等）。但在过去几年中，数码相机呈井喷式的迅速普及，这也为数码相机软、硬件的发展提供了绝佳的契机，以较为专业的数码单反相机为例，其主流像素从过去的1200万、1500万、1800万，逐步发展到今天的2000万像素以上；视频拍摄功能已经成为"标配"，而且多数都已经实现了全高清视频拍摄。可以说，在硬件方面，即便消费者级数码相机或入门级数码单反相机的成像质量不如高端甚至顶级相机，但差距已经在逐渐缩小。高端相机更多的是提供了优秀的操控性能，以及满足在苛刻环境下的拍摄需求。因此，作为日常拍摄来说，中低端数码相机已经完全可以满足日常的网络分享甚至高质量打印和洗印的需求。

另外，随着数码相机市场的火爆，摄影相关的书籍以及相关的学习网站、论坛及手机App等，都在理论知识上大幅提高了"摄影小白"的技术水平。

综上所述，摄影爱好者们在"前期"拍摄中已经可以做得越来越好，而且拍摄水平的差距也越来越小，在此基础上，"后期"处理的优劣将直接决定一张照片是"佳作"还是"废片"，这也正是本书撰写的主旨所在。

以下面的照片为例，在昏暗的夕阳时分拍摄这样一幅剪影，对大部分摄影爱好者，甚至专业摄影师而言，在这样的环境下，也很难拍摄优秀的作品，再怎么拍摄，得到的也无非是颜色多一些、少一些，画面亮一些或暗一些，但基本都可以归纳到"废片"的行列。

由于该照片是以RAW格式拍摄，通过较大幅度的后期处理，将其处理为古画效果，可以看出，照片不仅脱离了"废片"的行列，而且整体效果堪称优秀。

再从下一页后期处理前后的对比图可以看出，上图中多余的标牌非常靠近人物头部，而且是比较鲜艳的红色，这在很大程度上分散了观者的视觉焦点。在实际拍摄时，无论是摄影爱好者，还是专业摄影师，都不太可能先将这个标牌摘除再进行拍摄，因此通过后期处理的方式将其修除，就是绝佳的选择（如下图所示）。

逐渐成熟起来。只不过在胶片相机时代，所有的后期处理都是在暗房中完成的，并且非常重视后期处理工作。为了按照自己的意图全面控制照片的效果，许多摄影师都亲自从事暗房工作。例如，通过重新裁剪胶片以改变照片的构图，使用不同的显影液、曝光时间以呈现不同的色彩及曝光效果，或者使用不同的相纸，以改变照片呈现出来的质感等。世界公认的摄影大师安塞尔·亚当斯就曾经在其著作《论底片》中介绍了大量暗房装备、冲洗方法及冲洗过程的影调控制等。他认为底片是乐谱，制作（后期处理）是演奏，生动地强调了后期制作的重要性。这充分说明了前期的拍摄仅仅是照片作品的一部分，后期处理技术对摄影师来说也是不可或缺的一部分，只有二者结合起来，才能够得到完美的摄影作品。

时至今日，随着数码摄影设备的兴起，后期处理的对象从胶片变成了数码照片，以Photoshop为代表的后期处理软件，已经可以实现任何摄影师的各种后期处理需求。让我们的照片更具美感，何乐而不为呢？作为摄影爱好者，大可不必过于纠结使用了后期处理技术，是否还是真正的摄影？事实是，后期处理本身就是摄影的一部分，出于对照片进行美化、修饰、纠正目的的处理，都是摄影范围以内的工作。

例如下页左栏上图所示的夜景照片，由于天空中的星星较亮，而且地面上还有光源和被照亮的建筑，因此无法通过长时间曝光的方式让画面获得充足的曝光。

下页左栏下图所示是通过后期处理，将天空整体调亮，突出其中的银河，并对建筑及地面光源进行了修正处理后的效果。如果没有后期处理，这样一幅美轮美奂的银河作品，可能就不会产生了。

由此可见，在前期摄影水平基本相仿的情况下，后期处理在很大程度上决定了照片最终的效果。

1.1.2　后期处理是伴随摄影而生的

可以说，从摄影被发明出来的那天开始，后期处理就已经随之产生了，并且随着相关技术的发展

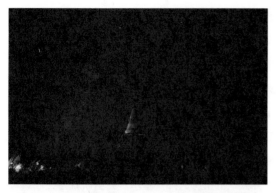

以下图所示的摄影作品为例，环境中的雾气非常厚重，难以通过曝光或白平衡等参数的控制实现好的拍摄结果，稍不注意就可能出现曝光过度的问题。因此，在拍摄时首先应该尽可能分辨环境中的元素，并进行构图，同时大致勾画出想要的照片的效果，并在这种思路的引导下，减少一定的曝光，避免曝光过度的问题，并以RAW格式进行拍摄，以最大限度的保留后期处理的空间。

下图所示是使用Adobe Camera Raw软件，通过对白平衡、曝光、对比度、清晰度、去雾霾等参数的调整，结合渐变滤镜工具 ，让画面恢复应有的曝光、色彩及立体感。

1.1.3 摄影不能完全依靠后期处理

摄影后期在现阶段固然是一种提升照片水平的有效手段，但如前所述，摄影是由前期与后期两部分组成的，二者相辅相成、缺一不可。本书从后期处理的角度强调了其重要性，并提出了"后期决定一切"的观点，但这是建立在经过多年的学习和发展，目前大多数摄影爱好者的整体拍摄水平已经有了大幅度提高的基础上的，而不是单纯地将摄影后期放大为整个摄影过程。

前期的拍摄工作仍然是整个摄影过程的源头，从拍摄前的构思、画面的构图、曝光及色彩的控制等方面捕捉到一个美的、有意义的画面内容，后期处理才有用武之地。摄影师切不可忽视前期拍摄，抱着"还有后期处理"的想法，否则不仅摄影水平很难有进步，而且在后期处理过程中，也会由于前期工作做得不够，导致需要花费大量的时间和精力进行后期处理，甚至出现"废片"的概率也会大大增加。

1.1.4 后期处理的尺度把握

前面强调了后期处理的重要性，但也不是完全天马行空的随意调整。以Photoshop软件为例，其核心功能是图像的处理与合成，因此用户可以对图像进行任意的处理，众多大师级的创意合成作品都是以Photoshop软件为主完成的。

例如，下图是一组多重曝光作品，其巧妙的构思和对于画面细节的把握让人为之叹服。

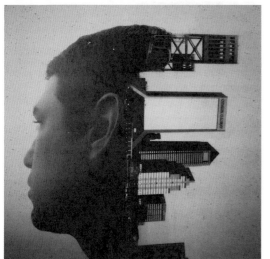

从后期处理尺度方面来说，这组作品虽然是基于摄影中的多重曝光技术，但实际上已经严重脱离了摄影本身，更多的是带有了创意表现的属性。当然，这不能否定这组作品的优秀之处，如果是从"希望得到一幅漂亮、具有创意的影像作品"的角度来说，这就是一组非常成功的作品，而从摄影的角度来说，我们仍然应该以"真实"为基本准则进行后期处理，并围绕这个准则，执行各种美化、修饰甚至是合成处理。

下图所示是几张优秀的摄影作品，其共同特点就是都经过或多或少的后期处理，但基本是以"真实"为基本准则，读者可以与上面的作品相比较，体会其中的真实与超现实。

因此，读者可以根据自己的喜好、希望实现的效果，明确后期处理的方向，切忌在二者之间摇摆不定，想得到一幅好的摄影作品，却使用了大量超现实的手法和效果，或者想处理出具有创意美感的作品，却拘泥于现实的束缚，无法展开想象，那么永远也不可能制作出优秀的作品。

1.2 照片后期处理的基本流程

下面的流程图展示了照片调整时最常见和常用的手法，但并非是说每张照片都一定要按照这些项目依次进行调整。当你对某部分足够满意时，自然就可以跳过这个流程，继续下面的调整。本书在后面的讲解中，对下述流程中的绝大部分内容都有所涉及（当然，本书所讲解的内容绝不只这些，因为它们只是最基本、最常见的处理手法），并通过针对性的实例进行讲解，例如，关于对图像进行锐化处理的操作可以参见本书第5章的内容。

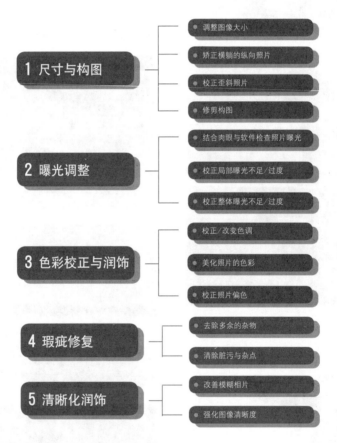

下面大致介绍一下各项修饰的基本概念，希望能够对后面的学习起到一个引导的作用。

1.2.1 尺寸与构图

对于文件的尺寸，以目前主流的数码相机来说，生成的JPEG格式照片就高达几兆甚至几十兆，很不利于传输和网络发布，因此将其调整到一个合适的大小就成为一个必然的操作，同时，这也能够加快

Photoshop处理图像的速度。

　　而对于画面的构图，则是一个比较深奥的话题，简单来说，就是对原本不太好看或不太合理的构图进行校正处理。例如，通过裁剪照片来突出照片的主体就属于典型的二次构图。以下面的一组照片为例，上图中的元素较多，显得主体不够突出，下图所示是进行裁剪和一定的曝光调整后的效果，突出了人物主体。

　　另外，从更广义的角度来说，校正照片透视、拼合全景图等也属于二次构图的范畴。

1.2.2　曝光调整

　　简单来说，照片后期调整中所说的曝光问题，大致可以分为曝光不足和曝光过度两大类，其中也可以细分为局部或全局曝光问题等，它们的后期调整方法也不尽相同，但总体来说，仍属于对亮度及对比度进行调整的范围，我们可以先针对整体进行大范围的校正，然后再针对局部的问题进行修饰。

　　在下面的一组照片中，通过校正曝光不足，并适当进行色彩校正，使照片显得更加美观、通透。

1.2.3 色彩校正与润饰

色彩的校正通常是指由于受到环境光或相机白平衡设置等因素的影响，导致照片整体偏向于某种色调，此时需要将其恢复为正常的色彩。润饰色彩与前者有较大的差别，主要是针对低饱和的色彩进行校正或对现有的色彩进行改变等，在处理时要特别注意，调整后的色彩应该保持自然、符合照片的环境要求。

值得一提的是，若相机支持以RAW格式拍摄照片，其保留的原始信息可以在后期处理时获得更大的调整空间。

下图所示是一组在曝光与色彩均处理的非常到位的照片。

1.2.4 瑕疵修复

曝光和色彩的调整可能会影响到画面中的细节，比如人物面部的色斑，有时候调整适当的曝光，就可能会将其隐去，而不需要专门进行修复。当然也有相反的情况，即调整后显示出了更多的无用细节。如果仅仅是修除一些斑点或眼袋，那么只需要简单的处理即可完成，但如果画面中充斥着各种杂点、污渍及杂物等问题元素，工作量无疑就大大增加了，同时，在修复时所涉及的技术也可能会更加复杂。

以下面一组照片为例，上图所示为原照片，其背景中存在一个多余的人物，分散了主体人物的焦点。

下图所示是将多余人物修除后的效果，画面更加简洁、干净，人物主体更加突出。

1.2.5　清晰化润饰

清晰化润饰主要包括两部分，即改善模糊照片与强化图像清晰度。前者是对拍摄时由于相机抖动、物体晃动等原因造成的照片缺陷进行校正，它属于很难完美校正的问题，因此在前期拍摄时要特别注意保持照片的清晰。后者则是对图像细节的强化，使细节部分变得更为丰富，往往是在照片处理的最后，再有针对性地进行清晰化润饰即可，同时要注意避免锐化过度，导致画面过于干涩，缺少通透感。

下图所示是原照片，以及锐化前后的局部对比。

1.3　后期调色处理的必要性

色彩作为视觉艺术的语言和重要表现手段，在摄影中也是极为重要的。在实际拍摄时，由于环境或摄影师自身因素的影响，照片色彩的明暗、对比、变化及节奏等方面没有传达出摄影师的表现意图，因此就需要通过后期处理对其加以润饰和美

化。可以说，在现代摄影中，随着数码相机的普及，后期调色处理已经是必不可少的一项工作。

具体来说，后期调色处理主要可以分为强化、校正及特效处理3种。

1.3.1　色彩强化

虽然数码相机的功能已经变得非常强大，但拍摄出的照片或多或少都会存在一些对比度不足、色彩饱和度不足等瑕疵，导致画面不够通透、美观，对此类照片的美化处理就可以称为强化。

1.3.2　色彩校正

如果说色彩强化是基于一张"较好"的照片，那么色彩校正则是针对"较差"的照片进行处理。例如，一张曝光不足的照片其画面会显得非常昏暗，色彩也不够突出，此时就需要通过恰当的曝光及色彩处理，使"差片"甚至"废片"变身成为美轮美奂的"大片"。

另外，偏色也是比较常见的、需要进行色彩校正的情况，例如，在拍摄金色夕阳时，往往就是利用校色的偏色来实现金黄色的画面效果，但并非所有的偏色都需要校正。

要注意的是，色彩校正的过程往往需要摄影师具有较强的想象力和把控力。因为需要校正的照片一般"基础"都比较差，摄影师往往需要一边调整、一边分析照片的特点，逐渐塑造出照片的"感觉"。

另外，对于一些难以校正的画面元素，也可以尝试使用其他较好的元素进行替换。以下面一组照片为例，就是将原本较为平淡的天空替换为唯美的天空，然后再对整体进行美化处理的。

1.3.3　色彩特效

色彩特效是近年来非常流行的色彩处理手法。简单来说就是通过后期处理，将照片以接近超现实的夸张手法，为照片赋予特殊的色彩，使照片变得更加新颖，在某种程度上也能够提升照片对情感方面的表达。

下面一组图片是将风景照片处理为水墨画效果的前后对比。

下面一组图片是将人像照片中的环境色处理为红色的前后对比。

1.4　调色处理思路：
　　先定调，再调色

下图所示是曝光与色彩均处理得非常到位的照片。

所谓的"定调"，是指确定照片的影调，更直观的说法就是指调整照片的曝光。在调色之前先定调，是因为在调整曝光的同时，照片的色彩也会随之发生变化，为了避免重复性的色彩调整，通常建议先对曝光做处理，然后再调整色彩。

例如，在下面的照片中，由于严重的曝光不足问题，导致画面非常昏暗，色彩也极为平淡。

下图所示是在Camera Raw中对曝光进行初步调整后的效果，可以看出，照片整体变得更加明亮，同时天空及云层的色彩也突出了许多。

下图所示是在调整好曝光的基础上，进一步对照片整体及各主要部分进行色彩润饰后的效果。

当然，曝光与色彩调整的先后并不是完全固定的，二者在调整过程中可能存在相互穿插调整的情况，摄影师在调整过程中应该灵活把握和运用。

1.5 色轮与调色

1.5.1 色轮的来源

在学习色轮知识前，首先要了解一下光线，因为有了光，才有了色。一般来说，光线可以分为可见光与不可见光两种，如下图所示。

可见光区域由从紫色到红色之间的无穷光谱组成，人们将其简化为12种基本的色相，并以圆环表示，就形成了最基本的色轮。

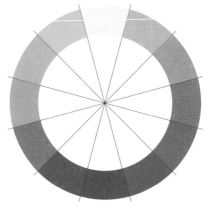

1.5.2 色轮的演变

组成色轮的12种颜色并非任意指定的，而是通过一定的演算得来。首先包含的是三原色（Primary colors），即蓝、黄、红。三原色混合产生了二次色（Secondary colors），用二次色混合，产生了三次色（Tertiary colors），下面来具体说明其演变过程。

色轮中最基本的是三原色，另外9种颜色都是由它们演变而来。

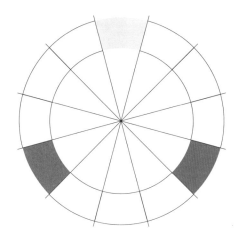

二次色所处的位置是两种三原色一半的地方。每一种二次色都是由离它最近的两种三原色等量调和而成的，如下图所示。

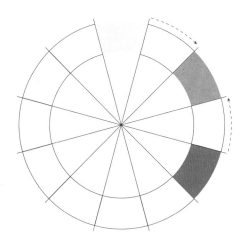

下图所示是仅有二次色时的色轮。

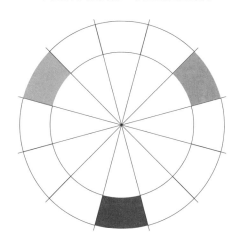

学习了二次色之后，就不难理解三次色了，它是由相邻的两种二次色调和而成。

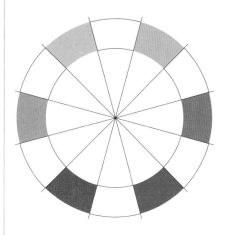

上面介绍的是最基本的12色色轮，根据不同的使用需求，色轮还可以扩展为更多的色彩，其表现形式也多种多样。例如，下图所示的是以圆形表示的24色色轮，该色轮不但展示出了色轮中的24种颜色，同时还体现了颜色之间的互补关系。

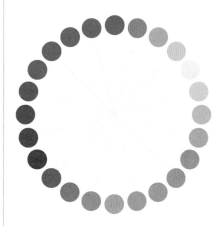

1.5.3　色轮对后期调色处理的指导意义

上面讲解的色轮与照片后期处理的调色，虽然都属于色彩的范畴，但二者究竟有什么关系呢？如何利用用色轮的原理，更好地对照片进行后期调色处理呢？下面就来具体讲解。

1. 互补色的概念

在后期调色的过程中，最常用到互补色的概念，简单来说，以前面展示的24色色轮为例，每一个对角线上的颜色就是一组互补色，例如红色与青色、蓝色与黄色等。

2. 互补色在后期调色中的应用

通过色轮了解到颜色之间的互补关系后，在后期调色时，就可以更容易增加或减少某一种颜色，从而实现调色目的。以下图所示的红色衣服为例，笔者利用选区将衣服选中。

通过观察前面展示的24色色轮可以看出，红色的互补色为青色，右栏上图所示是就是大幅增加了青色后的效果，部分衣服由于增加了过量的青色，因而也变成为了青色效果——当然，此时的照片仍然显现出一定的红色，但实际上，衣服上的红色已经被青色所中和，剩余的颜色是与之相近的紫色，读者要注意区分。

仍以上面的照片为例，背景中的油菜花以黄色为主，根据前面展示的24色色轮可以看出，其互补色为蓝色，因此在照片中加入适量的蓝色后，就可以消除黄色，当加入过量的蓝色时，照片就显现出蓝色色调的效果。

在实际调色过程中，用户可以使用"色彩平衡"直接增加或减少某种颜色，也可以使用"色阶"及"曲线"等命令通过对不同的颜色通道进行调整，从而达到增加或减少某种颜色的目的。常用调整命令的讲解请参见本书第2章的内容。

第 2 章

二次构图与照片矫正、润饰

2.1 标准三分构图的裁剪技巧

扫码观看视频

案例概述

三分构图法是由黄金分割构图法简化而来的一种常用构图方法，但有时由于拍摄匆忙或失误，照片并不符合三分构图，因而出现画面不够美观、重点不突出或画面不平衡等问题。

调修步骤

步骤 01 **观察照片的原始构图**

打开素材"第2章\2.1-素材.jpg"。

首先，可以利用裁剪工具 的三分网格，观察当前照片整体的构图情况。

选择裁剪工具 ，并在其工具选项栏中设置"三等分"叠加方式。

在选择裁剪工具 后，默认情况下照片周围会显示一个控制句柄为空心的裁剪框，在照片中单击一下，各控制句柄变为实心，并按照所设置的裁剪参数，创建相应的裁剪框，如右栏中间的图片所示。右图中此时显示一个带有三分线的裁剪框。

利用三分网格观察照片可以看出，虽然人物的左眼位于右侧的三分线上，但由于左眼略有虚化，并非画面的视觉中心，再加上右侧和上方的空白较多，人物的手分散了画面的视觉焦点，因此在视觉上稍显不够平衡，且主体不够突出。

步骤 02 **按三分构图法裁剪画面**

在确定了画面的问题后，就可以正式对照片进行裁剪处理。在本例中，将外部的留白照片裁掉，并将人物的右眼置于三分线的交点位置，让主体更突出、更美观。

将鼠标光标置于裁剪框左上角的控制句柄上，按住Shift键向右下方拖动，直至将人物的右眼置于三分线处。

下面来调整照片的位置，使人眼位于黄金分割点（即两条三分线相交的位置）处。

将鼠标光标置于裁剪框内部，按住Shift键并向下移动照片，将右眼置于左上方的黄金分割线交点上。

得到满意的效果后，按Enter键确认变换即可。

2.2　正方形构图法

扫码观看视频

案例概述

正方形的高与宽相等，所以不论是什么影像，边框在视觉上就已经是非常稳定的状态，而且相对于常见的4∶3或16∶9等比例的照片来说，1∶1比例的画面本身在视觉上就更突出一些。本例就来讲解正方形构图的裁剪方法及技巧。

调修步骤

步骤01　**设置裁剪参数**

打开素材"第2章\2.2-素材.jpg"。

选择裁剪工具，并在其工具选项栏上设置适当的参数。

在本例中，选择"使用经典模式"选项并无特殊含义，主要是出于个人的喜好和操作习惯。另外，笔者选中的是"三分网格"，以便对构图进行整体的把控。

步骤02　**将画面裁剪为正方形**

按住Shift键并使用裁剪工具绘制一个适当大小的正方形裁剪框，然后将鼠标光标置于裁剪框内部，适当调整其位置。

得到满意的效果后，按Enter键确认即可。

根据本例照片中人物的造型，本意是希望将其裁剪为居中式的方形构图，但由于人物眼睛看向画面以外，因此为了让右侧多一些空间，这里适当让人物的位置靠左侧一些。

步骤 03 修除多余元素

至此，已经基本完成了方形构图的裁剪，但仔细观察可以看出，左侧有一些杂草影响了画面的焦点，下面就来将其修除。

选择套索工具 ❷ ，沿着左侧最长一的一根杂草边缘绘制选区，将其选中。

选择"编辑" – "填充"命令，在弹出的对话框中选择"内容识别"选项。

单击"确定"按钮退出对话框，并按Ctrl+D组合键取消选区即可。

下面继续修除左下方的杂草，由于此处的草与人物相交，使用之前的方法很难修复得到好的结果，因此下面将使用仿制图章工具 ，通过复制的方式将杂草修除。

新建得到"图层1"。选择仿制图章工具 并在其工具选项栏上设置适当的参数。

按住Alt键并使用仿制图章工具 在要修除的杂草边缘单击，以定义源图像。

使用仿制图章工具 在杂草上仔细涂抹，直至将其修除为止。按照类似的方法，再将其他杂草修除即可。

在修除不同位置的杂草时，需要重新定义源图像，并保证修除的结果尽可能自然、真实。

2.3　斜线构图的裁剪技巧

扫码观看视频

案例概述

在人像摄影中，合理运用斜线构图可以起到让画面更有动感、使人物变得更修长的作用，本例就来讲解其裁剪方法及常见问题的修复方法。

在将照片裁剪为斜线构图时，要注意把握角度的倾斜与人物肢体之间的平衡性，不要将角度调整得过大，否则容易出现画面不平衡的问题。

调修步骤

步骤 01　设置裁剪参数

打开素材"第2章\2.3-素材.jpg"。

选择裁剪工具 ，并在其工具选项栏中设置参数。

在上面的参数设置中，主要是取消选中了"使用经典模式"选项，也就是采用新的裁剪框。对于本例进行的旋转裁剪来说，这样做可以始终保持裁

剪预览效果为正常角度，便于观察和确认裁剪结果。

步骤 02 **裁剪倾斜效果**

在选择裁剪工具 [🔪] 且未选中"使用经典模式"选项时，照片边缘会自动显示裁剪框，在其中单击一次，即可显示裁剪网格，且默认情况下显示的是三分网格。

这是为了让裁剪框的比例与原照片相同，同时还能够避免裁剪后照片比例失调的问题。

将鼠标光标置于裁剪框的外部，并按住鼠标左键逆时针旋转裁剪框。

默认情况下，裁剪框将被限制在原照片的范围内。通常来说，建议保持这样的默认设定，这样可以利用现有的内容进行裁剪。反之，若裁剪框超出原照片范围，则会自动以透明或背景色进行填充，裁剪后需要对这些区域进行填补。在本例中，由于在原照片范围进行旋转裁剪无法呈现人物整体，而且外围边缘较为简单、易于修补，因此下面将调整裁剪框至原照片范围以外。

按住Shift键，放大裁剪框并适当调整其位置，直至完整显示出人物主体，并适当规划好构图。

得到满意的效果后，按Enter键确认即可完成裁剪。

步骤 03 **修补边缘空白**

下面将对因裁剪产生的空白处进行修补处理，使照片变得完整。

选择多边形套索工具 [🔽]，并在其工具选项栏中设置适当的参数。

沿着空白处的边缘绘制选区，将其全部选中。

选择"编辑" - "填充"命令，在弹出的对话框中选择"内容识别"选项。

单击"确定"按钮退出对话框。按Ctrl+D组合键取消选区，从而初步完成空白区域的修补处理。

步骤 04 **修饰细节**

　　仔细观察上一步修补的区域，其中左上方区域基本没有问题，但左下和右下区域的边缘则略显不自然，下面就来解决此问题。

　　新建得到"图层1"。选择仿制图章工具，并在其工具选项栏中设置适当的参数。

　　按住Alt键并使用仿制图章工具在右下方的源图像上单击，以定义源图像。

　　释放Alt键后，按鼠标左键在要修饰的图像上进行反复涂抹，直至得到满意的效果。

　　按照上述方法，再对左下方不自然的区域进行修饰即可。

2.4　调校照片透视问题

扫码观看视频

案例概述

在使用广角镜头拍摄照片时，画面很容易出现透视变形，尤其对于建筑、桦树林等拍摄对象来说，由于其本身线条感较强，因此该问题会更明显。

调整照片透视的思路与校正倾斜照片较为相近，二者都是要先确定一个参照物，并创建与之平行的线条。区别在于，校正透视时可以在裁剪框的四边分别创建与参照物平行的线条。

步骤 01 创建透视网格

打开素材"第2章\2.4-素材.jpg"。

选择透视裁剪工具 ▣，并在其工具选项栏上选中"显示网格"选项，从照片的左上方至右下方拖动，以创建对应整个文档的网格。

通过网格可以明显看出建筑的透视变形问题，下面来对其进行编辑处理。

步骤 02 调整透视网格

将鼠标光标置于右上角的控制句柄上，按住鼠标左键向左侧拖动，同时观察透视网格，直至建筑与透视网格相平行。

按照上面的方法，再向右侧拖动左上角的控制句柄。

确认建筑与网格均平行后，按Enter键确认裁剪即可。

除了使用上述方法校正照片的透视外，用户也可以使用"滤镜"-"镜头校正"命令，在弹出的对话框中选择"自定"选项卡，并调整"变换"区域中的参数直至校正得到满意的效果。

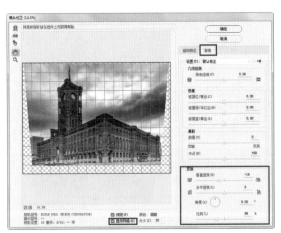

在上面的对话框中，笔者缩小了"比例"数值，主要是希望将校正后的结果完整地显示出来，确定退出后，可以使用裁剪工具 ▣ 进行自定义的裁剪，从而尽量保留更多的照片内容。

2.5　使用仿制图章工具修除海滩上的多余元素

扫码观看视频

案例概述

在拍摄照片时，尤其是户外拍摄，难免会将一些杂物纳入到构图中，这些杂物的形态可能是多种多样的，例如，有些杂物的周围较为简单，修复起来就比较容易，而有些杂物的周围则相对较为复杂，甚至与主体相交，此时就难以修除，因此需要采用手动与智能方法相结合的方式进行处理，以提高工作效率。

调修步骤

步骤 01　**修除海平线与沙滩的杂物**

打开素材"第2章\2.5-素材.JPG"。

在本例中，要修除的杂物主要包括左上方的海岸、右上角的一个小杂物以及下方海滩上的杂物，其中右上角的杂物是最好修复的，因此下面先对其进行处理。

按Ctrl+J组合键复制"背景"图层得到"图层1"。

选择修补工具 ⬤，并在其工具选项栏上设置适当的参数。

使用修补工具 ⬤沿着右上角杂物的边缘绘制选区，将其选中。

使用修补工具 ⬤绘制选区时，其功能相当于套索工具，其本质是选中要修除的图像，因此用户也可以使用其他工具或命令选中要修除的图像，然后再使用修补工具进行修除处理。

将鼠标光标置于选区内部，按住鼠标左键向左侧拖动至好的图像上。

释放鼠标左键，按Ctrl+D组合键取消选区，完成此处图像的修复。

步骤 02 **智能修除海滩上的杂物**

海滩上的杂物主要可以分为两部分，一部分是靠近人物的，由于与人物有一定的交融，因此使用智能方式难以修除，需要手动进行修除处理；另一部分是离人物较远的，这些杂物周围较为简单，可以按照类似上一步的方法进行修除处理，下面来讲解具体的操作方法。

按照上一步的方法，使用修补工具 🔘.选中其中一块杂物，并将其拖至下方不需要修除的图像上，以进行修除处理。由于前面已经讲解过详细的操作步骤，因此下面仅给出本次修除处理的步骤图。

按照上述方法可以将沙滩上离人物较远的杂物全部修除。

步骤 03　手动修除海滩上的杂物

下面来修除离人物较近的杂物，由于它们与人物有一定的交融，因此只能通过手动修除的方式进行处理，下面来讲解其具体操作方法。

新建得到"图层2"，选择仿制图章工具 ▲.并在其工具选项栏上设置参数。

按住Alt键并使用仿制图章工具 ▲.在要去除的杂物附近单击以定义复制的源图像。

释放Alt键，使用仿制图章工具 ▲.在要修复的位置进行涂抹，以将杂物修除。

在修除靠近人物的杂物时，应该将画笔的"硬度"设置为100%，并放大显示比例，以进行精确的

修除处理，并避免手臂处产生虚边问题。

按照上述方法，继续修除人物附近的其他杂物即可。

步骤 04　修除人物头顶的海岸

照片左上方的海岸压住了人物头部，给人很不舒服的视觉感受，下面通过复制右侧图像并覆盖左侧的方式，将其修除。

选择矩形选框工具 □，在右上方区域绘制选区，以将其选中。

按Ctrl+Shift+C组合键执行"合并拷贝"操作，再按Ctrl+V组合键执行"粘贴"操作，得到"图层3"。

选择"编辑"－"变换"－"水平翻转"命令，以水平翻转图像。按Ctrl＋T组合键调出自由变换控制框，将当前图像移至左侧位置，并适当增大其宽度，然后按Enter键确认变换操作。

单击添加图层蒙版按钮 ▣ 为"图层3"添加图层蒙版，设置前景色为黑色，选择画笔工具 ✐.并设置适当的画笔大小及不透明度，在人物头部上涂抹以将多余的图像隐藏。

由于右侧图像包含一个小岛，在将其复制到左侧并添加图层蒙版时，应该将这个小岛全部隐藏，否则会露出下面的海岸图像，下面将通过覆盖的方法将露出的少量小岛图像覆盖起来。

新建得到"图层4"，按照步骤03中讲解的仿制图章工具 ♣.的用法，设置适当的画笔参数，然后在剩余的小岛图像附近定义源图像，并将其修除即可。

按住Alt键，并单击"图层3"的图层蒙版缩览图，可以查看其中的状态。

2.6　使用修补工具自定义修除照片中的杂物

扫码观看视频

在拍摄照片时，由于构图失误或构图需要实在无法回避，画面中不可避免地会存在一些多余的杂物。Photoshop提供了非常强大的智能修补功能，可以快速、准确地修除这些多余元素。智能修补最大的特点就是操作十分简单，摄影师只需要确定并选中要修除的照片，应用相应的命令就可以快速实现修补处理。要注意的是，此功能较适合目标照片周围较为简洁的修补处理，若反复进行修补且无法得到满意的效果，则建议使用其他方法进行修补。

调修步骤

步骤 01　**选中目标照片**

打开素材"第2章\2.6-素材.JPG"。

在本例中，照片的周围存在3处多余的杂物，严重影响了对人物主体的表现，因此需要将其修除。由于杂物的周围较为简洁，因此下面使用可以任意绘制选区的套索工具 🔲 将其选中并进行修补处理。

选择套索工具 🔲 并沿着顶部杂物的周围绘制选区，将其选中。

步骤 02　**修除目标照片**

按Shift+Backspace组合键或选择"编辑"-"填充"命令，在弹出的对话框的"使用"下拉列表中选择"内容识别"选项，其他参数保持默认即可。

设置参数完毕后，单击"确定"按钮退出对话框，并按Ctrl+D组合键取消选区，即可修除选中的目标照片。

按照上述方法，再选中并修除另外两处杂物即可。

第3章

调整照片影调

3.1　选择画面主体并修复曝光不足问题

扫码观看视频

案例概述

逆光拍摄剪影效果是比较常见的拍摄手法，但有些时候，当我们并不想拍摄剪影时，却受到逆光的影响，导致拍摄主体一片死黑，此时由于主体与天空的对比较明显，可使用魔棒工具 将主体以外的区域选中，再使用Photoshop中的调整功能进行校正，甚至可以达到将逆光变为顺光的神奇效果。

调修步骤

步骤 01　调整阴影/高光

打开文件"第3章\3.1-素材.jpg"。

按Ctrl+J组合键复制"背景"图层得到"图层1"，在其图层名称上单击鼠标右键，在弹出的菜单中选择"转换为智能对象"命令。这样的目的是为了在下面应用"阴影/高光"命令后，可以生成一个对应的智能命令，双击它可以反复进行编辑和修改。

选择"图像"－"调整"－"阴影/高光"命

令，在弹出的对话框中设置"阴影"参数，以显示出阴影区域的图像。

设置完成后，单击"确定"按钮退出对话框，完成对图像的调整，此时会在"图层1"下方生成一个相应的智能命令。

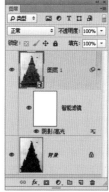

步骤 02 调整主体与天空的亮度

下面需要分别对图像主体与背景天空进行调整，因此需要创建相应的选区。选择魔棒工具 ，在其工具选项栏保持默认参数即可，然后按住Shift键，在主体以外的天空处单击，以将其全部选中。

按Ctrl+Shift+I组合键执行"反向"操作，然后单击"图层"面板中的创建新的填充或调整图层按钮 ，在弹出的菜单中选择"曲线"命令，以创建得到"曲线1"调整图层，并为其依据当前的选区添加了图层蒙版，此时的"图层"面板如右图所示。

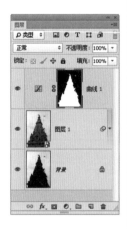

创建"曲线1"调整图层后，在弹出的"属性"面板中设置其曲线参数。

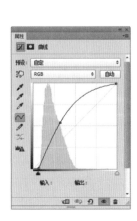

下面来调整天空区域的亮度。按Ctrl键并单击"曲线1"图层蒙版的缩览图以载入其选区，按Ctrl+Shift+I组合键执行"反向"操作。

再次创建"曲线2"调整图层，分别在"通道"下拉列表中选择不同的通道，并编辑其曲线。

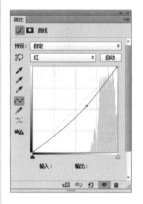

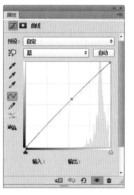

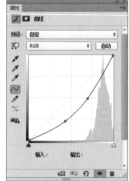

最终得到的图层界面和效果如下图所示。

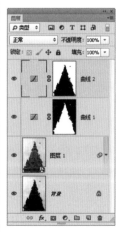

3.2　恢复大光比下照片阴影处的细节

扫码观看视频

在拍摄照片时，若周围的光线不足，或光比较大时，就容易出现照片整体偏暗或曝光不足的问题。尤其是在大光比环境下拍摄的照片，往往很难兼顾画面高光与暗调的细节。如果拍摄时间充裕，较常见的做法是分别针对高光区域与阴影区域进行测光拍摄，然后在后期处理时将两张照片合成在一起。但如果时间很紧张，则应该以高光区域为准进行拍摄，然后通过后期处理，恢复阴影区域中的细节。

在恢复阴影区域的细节时，恢复细节的数量越多，则阴影区域需要提得越亮，产生的噪点也就越多，因此要在显示出更多细节与避免产生噪点之间做好平衡；在恢复高光区域的细节时，要比阴影区域更为困难，因此通常只做少量的恢复调整，以避免出现失真的问题。另外，有些情况下阴影区域可能会出现"阴影蓝"，在提亮后容易让色彩问题更加明显，因此需要进行适当的校正处理。

调修步骤

步骤 01　创建智能对象

打开素材"第3章\3.2-素材.jpg"。

按Ctrl+J组合键复制"背景"图层得到"图层1"，在其图层名称上单击鼠标右键，在弹出的菜单中选择"转换为智能对象"命令。

这样是为了在下面应用"阴影/高光"命令后可以生成一个对应的智能命令，双击它可以反复进行编辑和修改。

显示阴影细节

选择"图像"－"调整"－"阴影/高光"命令，在弹出的对话框中设置"阴影"参数，以显示出阴影区域的照片。

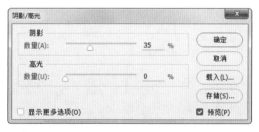

设置完成后，单击"确定"按钮退出对话框，完成对照片的调整，此时会在"图层1"下方生成一个相应的智能命令。

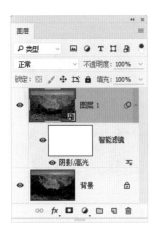

步骤 02 **增强阴影区域的亮度与对比**

通过上一步的处理，照片已经显示出了较多的阴影细节，但对比度还不够充分，因此下面对暗部的对比度做适当的调整。

选择快速选择工具 ⚡.并在其工具选项栏上设置适当的参数，然后在下方的阴影区域拖动，以将其选中。

单击创建新的填充或调整图层按钮 ●.，在弹出的菜单中选择"曲线"命令，得到图层"曲线1"，在"属性"面板中设置其参数，以调整照片的颜色及亮度。

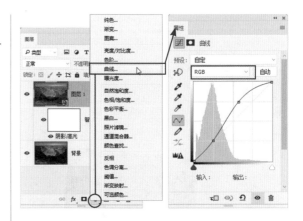

照片底部有一部分是受光的，因此在调整后，这部分区域显得过亮，下面对其进行适当的恢复处理。

选择"曲线1"的图层蒙版，设置前景色为黑色，选择画笔工具 ✏.并在其工具选项栏上设置适当画笔大小、不透明度等参数，然后在底部高亮的图像上进行涂抹，以隐藏对应区域的调整效果。

按住Alt键并单击"曲线1"的图层蒙版缩览图，可以查看其中的状态。

复制"色彩平衡1"图层得到"色彩平衡1拷贝"图层，以增强调整的效果。

步骤 03 校正阴影区域的颜色

通过上面的处理后，暗部"阴影蓝"的问题变得非常明显，并与山石的红褐色混合在一起，形成了偏蓝紫色的效果，这不仅与照片整体不协调，而且也显得不够美观，下面来对其进行修正处理。

单击创建新的填充或调整图层按钮 ◐.，在弹出的菜单中选择"色彩平衡"命令，得到"色彩平衡1"图层。

按住Alt键并拖动"曲线1"图层蒙版至"色彩平衡1"上，在弹出的对话框中单击"是"按钮即可复制图层蒙版。

双击"色彩平衡1"图层的缩览图，在"属性"面板中设置其参数，以调整照片的颜色。

此时，阴影以外的区域也能看到一些偏紫调的色彩，下面将在"色彩平衡1拷贝"图层中操作，以淡弱其色彩。

选择"色彩平衡1拷贝"的图层蒙版，设置前景色为白色，选择画笔工具 ✐.并在其工具选项栏上设置适当画笔大小、不透明度等参数，然后在画面的左上方区域进行涂抹，以减弱其中的紫色。

按住Alt键并单击"色彩平衡1拷贝"的图层蒙版缩览图可以查看其中的状态。

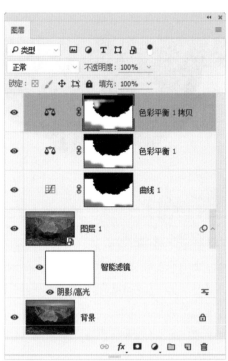

3.3 制作出牛奶般纯净自然的高调照片

扫码观看视频

案例概述

高调照片中画面大部分是浅色调，给人以清纯、明朗的感觉。但也并不排斥采用少量的深色调，恰到好处的一抹深色调往往能成为画面的视觉中心。

对人像照片来说，人物的衣服和环境应尽量避免大量的暗调或黑色出现，然后对整体进行大幅的提亮与降低饱和度的处理，但同时要注意避免曝光过度的问题。当然，少量的曝光过度作为增加整体明暗对比的手段是可以的，但大部分区域应该保持"亮而不过"的程度，在提亮的同时，尽可能多的保留照片细节。此外，还要注意适当恢复具有代表性的色彩，如嘴唇、头发等元素，避免照片看起来灰蒙蒙的一片。

步骤 01 **将照片处理为淡彩颜色**

打开素材"第3章\3.3-素材.jpg"。

在高调照片中，大部分区域的色彩是比较淡
的，因此下面就来对其进行淡彩处理。对于需要较
强颜色的区域，会在后面做统一的处理。

单击创建新的填充或调整图层按钮 ●.，在弹出
的菜单中选择"黑白"命令，得到图层"黑白1"，
在"属性"面板中选择"最白"预设，从而将照片
处理为黑白色。

单击创建新的填充或调整图层按钮 ●.，在弹出
的菜单中选择"曲线"命令，得到图层"曲线1"，
按Ctrl + Alt + G组合键创建剪贴蒙版，从而将调整
范围限制到下面的图层中，然后在"属性"面板中
设置参数以大幅调亮照片。

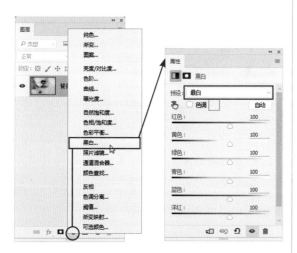

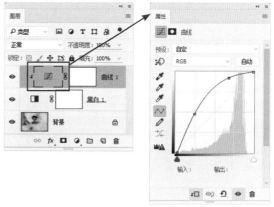

使用"黑白"调整图层主要是将照片处理为黑
白色，至于其亮度，尽量调高一些即可，后面会使
用其他命令做调亮处理。

设置"黑白1"图层的不透明度为80%，以少量
保留原照片中的部分色彩。

"黑白"调整图层相当于是将照片调整为黑白
色后的结果，因此使用"曲线"调整图层对"黑
白"调整图层做提亮处理时，就相当于对黑白照片
做提亮处理。

调亮后，部分区域显得略有一些曝光过度，下面来对其进行适当的恢复处理。

选择"曲线1"的图层蒙版，设置前景色为黑色，选择画笔工具 ✍ 并在其工具选项栏上设置适当画笔大小及不透明度等参数，然后在过亮的区域涂抹，以恢复其中的细节。

按住Alt键并单击"曲线1"的图层蒙版可以查看其中的状态。

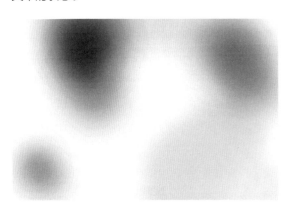

步骤02 初步调整画面的色调

通过前面的调整，已经基本确定了画面的影调，在继续做其他调整前，下面先来确定画面的基本色调，从而为后面的处理找好色调方向。

单击创建新的填充或调整图层按钮 ●，在弹出的菜单中选择"色彩平衡"命令，得到图层"色彩平衡1"，按Ctrl + Alt + G组合键创建剪贴蒙版，从而将调整范围限制到下面的图层中，然后在"属性"面板中设置参数以调整照片的颜色。

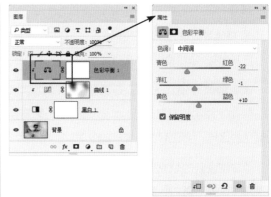

步骤03 提升细节立体感

通过前面的处理，照片的亮度大幅提高了，而一些区域由于明暗对比不足，导致立体感有所下降，比如人物的裙摆部分就存在很明显的问题，下面来对其进行适当的修复处理。

选择"图层"面板顶部的图层，按Ctrl + Alt + Shift + E组合键执行"盖印"操作，从而将当前所有的可见照片合并至新图层中，得到"图层1"。

选择"滤镜" - "其他" - "高反差保留"命令，在弹出的对话框中设置"半径"数值为8。

设置"图层1"的混合模式为"线性光"，以强化照片中的细节，提升其立体感。

选择"图层1"的图层蒙版，按Ctrl + I组合键执行"反相"操作，设置前景色为白色，选择画笔工具 ✐.并在其工具选项栏上设置适当的画笔大小、不透明度等参数，然后在裙摆以外的区域进行涂抹，以保留此处的立体感。

按住Alt键并单击"图层1"的图层蒙版可以查看其中的状态。

除了裙摆以外，其他区域也需要少量提升立体感，这里直接借助上面编辑好的"图层1"进行处理。

选择"图层1"的图层蒙版，显示"属性"面板并在其中适当降低"浓度"数值即可。

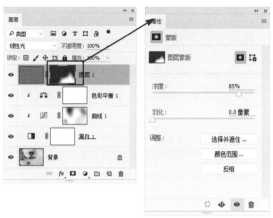

按住Alt键并单击"图层1"的图层蒙版可以查看其中的状态。

下图所示是调整"浓度"数值前后的局部效果对比。

步骤 04 **为局部图像叠加颜色**

通过前面的操作，我们已经基本完成了影调的处理，下面来恢复一部分主要的色彩，使照片看起来不会显得灰蒙蒙的。在本例中，由于素材照片中的色彩比较明显，因此在恢复颜色时，主要是借助素材照片的颜色进行处理的。

选择"背景"图层，按Ctrl + J组合键执行"通过拷贝的图层"操作，以复制得到"背景 拷贝"图层，并将其拖至所有图层的上方，设置其混合模式为"颜色"。

当前是利用素材照片中的色彩对处理影调后的照片进行色彩叠加，其整体效果还是很不错的，喜欢这种效果的读者，在此处完成处理即可。在本例中，笔者的本意是希望处理得到淡彩效果，因此需要继续对其进行编辑，将过于强烈的颜色隐藏起来。

使用快速选择工具 ☑️.在人物的皮肤上拖动以将其选中。

单击添加图层蒙版按钮 ▣，以当前选区为"背景 拷贝"添加蒙版，从而隐藏选区以外的内容。

此时，人物皮肤的色彩仍然显得太强烈，因此下面适当对其进行编辑。

选择"背景 拷贝"的图层蒙版，设置前景色为黑色，选择画笔工具 ✐.并在其工具选项栏上设置适当画笔大小、不透明度等参数，然后在人物皮肤上进行涂抹，以隐藏对应区域的部分色彩。

按住Alt键并单击"背景 拷贝"的图层蒙版缩览图可以查看其中的状态。

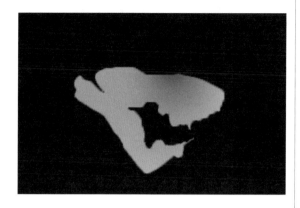

按照上述方法，再使用画笔工具 ✐.在"背景 拷贝"的图层蒙版中涂抹，直至显示出头发、嘴唇及窗帘等元素的颜色。

按住Alt键并单击"背景 拷贝"的图层蒙版缩览图可以查看其中的状态。

此时，人物嘴唇的色彩仍然显得不太自然，下面来继续对其进行处理。

单击创建新的填充或调整图层按钮 ◑.，在弹出的菜单中选择"纯色"命令，在弹出的对话框中设置颜色值为e62222，同时得到图层"颜色填充1"，并设置其混合模式为"柔光"。

选择"颜色填充1"的图层蒙版，按Ctrl＋I组合键执行"反相"操作，设置前景色为白色，选择画笔工具 ✐.并在其工具选项栏上设置适当画笔大小、不透明度等参数，然后在嘴唇上进行涂抹，以改善嘴唇的色彩。

按住Alt键并单击"颜色填充1"的图层蒙版缩览图可以查看其中的状态。

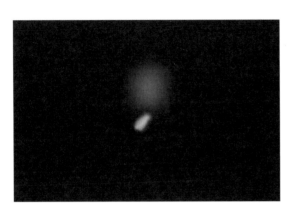

3.4 快速纠正测光位置选择错误的水景大片

扫码观看视频

案例概述

正确的测光是实现正确曝光、拍出好照片的前提，但大多数时候，由于时间匆忙、选择了错误的测光模式等原因，容易产生曝光问题，尤其是在光比较大的环境下。

本例照片的问题在于，拍摄者是以偏下方的暗部为主进行测光，因此导致天空较亮的部分出现了曝光过度的问题，同时，暗部也没有获得充分的曝光。因此本例需要尽量恢复高光与暗调区域的细节，并模拟中灰渐变镜，为天空制作出具有渐变过度的效果。

调修步骤

步骤 01 显示暗部细节

打开素材"第3章\3.4-素材.JPG"。

对当前照片来说，暗部显得有些严重不足，因此首先来对其进行初步调整。

选择"图像"-"调整"-"阴影/高光"命令，在弹出的对话框中设置参数，以适当显示出阴影区域中的细节。

由于当前的调整范围没有任何的限制，因此是对照片整体进行调整的，因此下面需要将"曲线1"的调整范围限制在天空区域。

选择"曲线1"的图层蒙版，选择渐变工具 ，并在其工具选项栏上设置适当的参数。

步骤 02　调整天空的曝光

在初步调整好暗部的曝光后，下面来解决照片的主要问题，即天空区域的曝光，虽然本例的照片是JPG格式，高光区域修复起来比较困难，但还是可以在一定程度上进行调整，下面来讲解具体的调整方法。

单击创建新的填充或调整图层按钮 ，在弹出的菜单中选择"曲线"命令，得到图层"曲线1"，在"属性"面板中设置其参数，以压暗天空显示出更多的细节。

使用渐变工具 ，在画面中间的地平线处按住Shift键从下至上绘制渐变。

按住Alt键并单击"曲线1"的图层蒙版可以查看其中的状态。

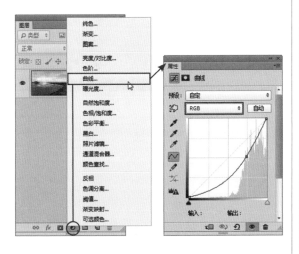

步骤 03 **调整地面曝光**

通过前面的操作，我们已经基本调整好了天空的曝光，但地面显得相对较暗。通常情况下，我们有两种方案可以选择，其一是继续压暗天空，其二是提亮地面。对于本例来说，压暗天空比较简单，直接在已有的"曲线1"调整图层中继续调整即可，但前面已经对天空做了较大幅度的压暗处理，如果继续调暗，由于高亮部分已经无法显示出更多的细节，它与周围的云彩会形成过强的对比，使画面失真。因此，这里将采用第二种方法对地面进行提亮处理。

单击创建新的填充或调整图层按钮，在弹出的菜单中选择"亮度/对比度"命令，得到图层"亮度/对比度1"，按住Alt键并拖动"曲线1"的图层蒙版至"亮度/对比度1"图层上，在弹出的提示框中单击"是"按钮即可。

选择"亮度/对比度1"的图层蒙版，按Ctrl+I组合键执行"反相"操作，使该图层针对地面进行调整。

选择"亮度/对比度1"图层蒙版的缩览图，并在"属性"面板中设置参数，直至得到满意的效果。

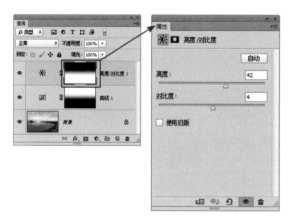

第**4**章

修饰照片色彩

4.1 调校错误的白平衡效果

扫码观看视频

案例概述

在拍摄照片时，可能会由于自动白平衡判断失误或设置了错误的白平衡，导致照片出现偏色的问题——虽然偏色的色彩多种多样，但调校的思路是基本相同的。本节将以校正偏冷调的照片为例，讲解其调整思路及方法。

调修步骤

步骤01 调整整体白平衡

打开素材"第4章\4.1-素材.NEF"，以启动Adobe Camera Raw软件。

本例要制作一个冷暖对比的画面效果，但当前照片基本是以冷调为主，因此首先需要对整体的白平衡做一个大幅度的调整，以确定照片整体的基调。

在"基本"选项卡中，分别拖动"白平衡"下方的"色温"和"色调"滑块，以改变照片整体的色彩。

在初步确定整体的色彩后，照片整体的曝光仍然非常灰暗，虽然后面会分区对各部分进行处理，但为了降低调整的工作量，还是应该先对整体做一个大致的校正处理。

在"基本"选项卡中，分别调整中间区域的各个参数，以改善照片整体的曝光。

步骤 02 　调整天空

当前照片中的天空存在较明显的曝光过度问题，下面将使用渐变滤镜功能对其进行校正处理。

选择渐变滤镜工具 ，按住Shift键从上至中间处绘制一个渐变，并在右侧设置其参数，以压暗天空并为其赋予冷调色彩。

实际上，本例是要调整为偏蓝紫色调的色彩效果，因此下面再继续对色彩进行调整，以少量增加画面中的紫色调。

选择"HSL/灰度"选项卡中的"色相"子选项卡，并向右侧拖动"蓝色"滑块，直至得到满意的效果。

步骤03 **增加暖调色彩**

为了获得更好的画面层次感，下面将靠近太阳东山的位置处理为暖调效果，从而与天空形成鲜明的对比。

选择径向渐变工具 ，在右侧底部设置其基本属性。

以画面中心偏上的位置为起点绘制一个椭圆形的径向渐变，并在右侧设置参数，以将此范围调整为暖调效果。

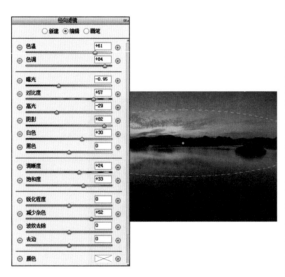

步骤04 **调整水面**

通过前面的调整，我们已经基本完成了对天空的处理，下面来继续处理画面下半部分的水面。

水面的处理方法与前面讲解的天空的处理方法基本相同，都是利用渐变滤镜工具和径向渐变工具分别对下半部分和底部的植物进行处理，其操作方法前面已经讲过，下面只给出调整的参数及对应的调整效果。

对于上面绘制的径向渐变，其中心是在照片以外的，这里主要是利用了径向渐变右上方的部分，对底部的进行调整，缩小显示比例时，显示为如下图所示的状态。

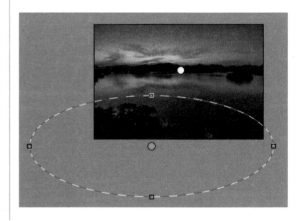

步骤 05 **让整体更加通透**

　　观察照片整体可以看出，虽然已经初步完成了各部分的调色处理，但仍然显得有些灰暗，整体感觉不够通透，下面将利用Adobe Camera Raw 9.1版本中新增的Dehaze（去雾霾）功能进行优化处理。

　　选择"效果"选项卡，并向右拖动Dehaze下方的数量滑块，直至得到满意的效果。

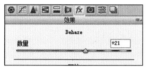

　　选择"HSL/灰度"选项卡中的"明亮度"选项卡，分别拖动其中的各个滑块，以提亮相应的色彩，使照片整体变得更加通透。

　　至此，我们已经基本完成了对照片的整体处理，接下来可以将其存储为JPG格式，然后在Photoshop中继续进行一些细节的优化处理，操作方法较为简单，故不再详细讲解，下图所示是在Photoshop中调整后的效果。

4.2 模拟自定义白平衡拍摄的色彩美化处理

扫码观看视频

案例概述

在拍摄过程中，往往需要自定义白平衡以改变照片的色彩，使之更加美观。例如，要拍摄金色夕阳，可以自定义较低的色温数值；反之，要拍摄冷调的清晨，则可以自定义较高的色温数值。但由于该设置较为抽象，因此很难正确设置其数值，本例就来讲解通过后期处理的方式对照片进行自定义白平衡的处理。

调修步骤

步骤 01 提升立体感

打开素材"第4章\4.2-素材.jpg"。

当前照片中的立体感很差，下面来结合"高反差保留"命令及混合模式，初步提升其立体感。

按Ctrl + J组合键执行"通过拷贝的图层"操作，以复制"背景"图层得到"图层1"。在"图层1"的名称上单击鼠标右键，在弹出的菜单中选择"转换为智能对象"命令，从而将其转换成为智能对象图层，以便下面对该图层中的照片应用及编辑滤镜。

选择"滤镜"-"其它"-"高反差保留"命令，在弹出的对话框中设置"半径"数值为30。

设置"图层1"的混合模式为"柔光"，不透明度为40%，以强化照片中的细节，提升其立体感。

上面的处理是针对较大块的图像进行立体感的提升，下面再对更细小一些的图像进行处理。

按Ctrl + J组合键执行"通过拷贝的图层"操作，以复制"图层1"图层，得到"图层1拷贝"。双击"图层1拷贝"下方的"高反差保留"命令，在弹出的对话框中设置"半径"数值为5，然后修改不透明度为70%，以提升细节的立体感。

下图所示为经过2次高反差保留处理前后的局部效果对比。

步骤 02 调整左右的明暗与色彩

观察照片可以看出，照片左侧由于受到云彩遮挡，受光较弱，因此要比右侧暗一些，下面就来解决此问题。

设置前景色为白色，单击创建新的填充或调整图层按钮 ◉.，在弹出的菜单中选择"渐变"命令，其中的渐变自动设置为从前景色到透明，然后设置其他参数。

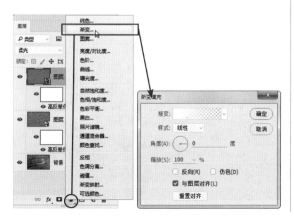

设置完成后，单击"确定"按钮退出对话框，同时得到图层"渐变填充1"。

设置"渐变填充1"的混合模式为"柔光"，不透明度为40%，以提亮左侧的区域。

如前所述，左侧是由于受到云彩遮挡导致受光不足，同时带来的问题就是其色彩也相对右侧更偏向冷色调，下面来对右侧进行调整，使照片整体都偏向冷色调，以便后面对整体进行下一步调整。

单击创建新的填充或调整图层按钮 ◉.，在弹出的菜单中选择"色彩平衡"命令，得到图层"色彩平衡1"，在"属性"面板中设置其参数以调整照片的颜色。

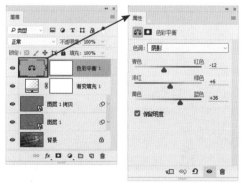

按住Alt键并单击"色彩平衡1"的图层蒙版缩览图可以查看其中的状态。

选择"色彩平衡1"的图层蒙版,选择渐变工具■,,在其工具选项条中单击线性按钮■,并选择"黑白渐变"预设。

步骤 03 调整整体的曝光与色彩

通过前面的处理,照片已经初步具有较好的立体感,且在曝光与色彩方面变得统一,因此下面开始对照片整体进行处理,首先从基本的曝光与色彩调整开始。

单击创建新的填充或调整图层按钮 ❍,,在弹出的菜单中选择"曲线"命令,得到图层"曲线1",在"属性"面板中分别选择"绿"和"蓝"通道,并调整其中的曲线,以改变照片的色彩。

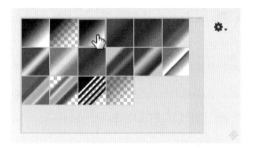

使用渐变工具■.从照片的左侧至右侧绘制渐变,使该图层仅针对右侧进行调整。

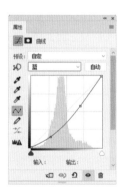

保持在"属性"面板中，下面再选择RGB通道，并调整其中的曲线，以大幅提高照片的亮度与对比度。

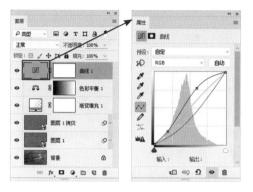

按住Alt键并单击"曲线1"的图层蒙版缩览图可以查看其中的状态。

观察照片可以看出，河流在调整后显得略有些曝光过度，下面来对其进行恢复处理。

选择"曲线1"的图层蒙版，设置前景色为黑色，选择画笔工具 ，并在其工具选项栏上设置适当画笔大小、不透明度等参数。

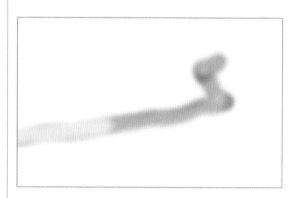

步骤 04 细化调整曝光与色彩

当前照片整体仍然有些可提高对比度的空间，下面就来对其进行调整。

单击创建新的填充或调整图层按钮 ，在弹出的菜单中选择"亮度/对比度"命令，得到图层"亮度/对比度1"，在"属性"面板中设置其参数，以调整照片的亮度及对比度。

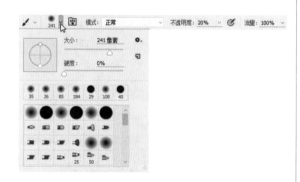

使用画笔工具 河流图像上涂抹，以隐藏对应区域的调整效果。

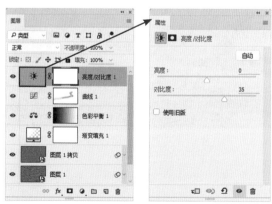

下面再对照片整体的色彩进行提高饱和度的处理，使照片变得更加鲜艳。

单击创建新的填充或调整图层按钮 ❍.，在弹出的菜单中选择"自然饱和度"命令，得到图层"自然饱和度1"，在"属性"面板中设置其参数，以调整照片整体的饱和度。

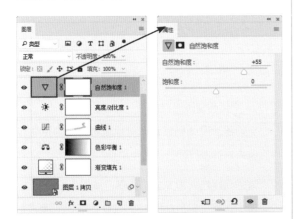

至此，我们已经基本完成了对照片整体的调整，下面来分别针对其中各部分色彩进行调整。

单击创建新的填充或调整图层按钮 ❍.，在弹出的菜单中选择"可选颜色"命令，得到图层"选取颜色1"，在"属性"面板中设置其参数，以调整照片的颜色。

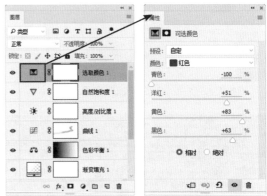

4.3　模拟高色温下的冷色调效果

扫码观看视频

案例概述

在下雨天拍摄时，最大的问题就是环境中的光线较弱，通常情况下拍摄出的照片都是一片灰暗。此时，摄影师也不要灰心，在以RAW格式拍摄后，可以通过后期处理让照片变得焕然一新。在本例中，照片最大的问题就是由于在阴天时拍摄，且没有设置恰当的白平衡（如"白炽灯""晴天"白平衡，可为画面赋予一定的冷色调效果），因而导致照片几乎没有色彩。要为这样的照片叠加色彩，就可以利用RAW格式照片记录下的丰富原始信息，从调整照片的色温入手，再加上适当的曝光及对比度等方面的润饰，为画面赋予新的意境表达。

调修步骤

步骤 01　为照片叠加色彩

打开素材"第4章\4.3-素材.CR2"，以启动Camera Raw软件。

为当前这幅接近"黑白"效果的照片叠加色彩，实际上就是为照片设置白平衡，这在拍摄阶段就可以通过设置如"闪光灯"白平衡或手动调整较低的色温数值来实现。在Camera Raw软件中，也是按照类似的原理进行调整的。

选择"基本"选项卡，在其中分别拖动"色温"和"色调"滑块，使照片初步具有了蓝色色调效果。

步骤 02　提高对比度

叠加颜色后的照片显得较为灰暗——实际上，原照片本身就是非常灰暗的，只是为其叠加颜色是首要的操作，因此才通过上一步操作为其叠加了蓝色色调。在本步操作中，我们要提高照片的对比度，使画面变得更加通透。

在"基本"选项卡中，向右侧拖动"对比度"滑块，直至得到满意的效果。

步骤03 优化照片整体曝光

对当前照片来说，左上方的剪影是画面的重要组成部分，其色调构成了画面的暗部，因此其他区域的图像就应该是组成画面的高光与中间调，从而实现整体影调的平衡，但通过上面的调整后，画面中的天空部分变得更暗，下面就来对其进行曝光方面的优化调整。

在"基本"选项卡中，分别拖动右侧中间的各个滑块，以调整其高光、阴影及黑色区域的亮度，以优化照片整体的曝光。

步骤04 提高色彩饱和度

经过上一步调整曝光后，照片整体变亮了，同时也导致色彩的饱和度下降了，因此下面还需要适当进行提高色彩饱和度处理。

在"基本"选项卡中，向右侧拖动"饱和度"滑块以提高照片整体的色彩饱和度。

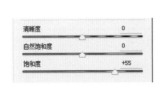 

步骤 05 **添加暗角**

通过前面的调整，当前画面中的天空部分已经获得了较好的曝光与色彩，但仍然略显平淡，浅蓝色的范围略多，焦点不够突出，因此下面来为画面整体添加一些暗角，使画面的视觉焦点更突出。

选择"镜头校正"选项卡中的"手动"子选项卡，并在底部的"晕影"区域中设置参数，以增加照片的暗角。

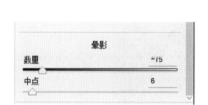 

步骤 06 **修除斑点**

至此，照片的色彩与曝光已经调整完毕，仔细观察其中的细节可以看出，画面中存在一些实体的水滴和虚化的斑点，二者混合在一起，显得较为脏乱，因此下面将修除虚化的斑点，保留视觉效果更好的实体水滴。

选择污点去除工具 ✔，并在右侧设置适当的参数。

将鼠标光标置于要修除的虚化斑点上，并保证当前的画笔大小能够完全覆盖目标斑点。

单击鼠标左键即可自动根据当前斑点周围的图像进行智能修除处理。其中红色圆圈表示被修除的目标图像，绿色圆圈表示源图像。

按照上述方法，继续在其他虚化斑点处单击，直至得到满意的效果。

选择其他任意一个工具，即可隐藏当前的污点去除标记，查看整体的效果。

在处理过程中，可能需要使用不同大小的画笔，此时可以按住Alt键并向左、右拖动鼠标右键，以快速调整画笔大小。

4.4 模拟低色温下的金色夕阳效果

扫码观看视频

案例概述

日落前后是摄影的最佳时间之一，其中金色夕阳效果更是受广大摄影爱好者喜爱的题材，但受天气、环境光、地理位置以及相机设置等多方面因素影响，拍摄出的画面可能存在画面昏暗、色彩不够艳丽等问题。本例就来讲解使用非常简单的方法制作出低色温的金色夕阳效果。

调修步骤

步骤 01　为照片整体叠加新的色彩

打开素材"第4章\4.4-素材.jpg"。

首先,我们来为照片整体叠加金色色彩。

单击创建新的填充或调整图层按钮 ◐,,在弹出的菜单中选择"渐变映射"命令,创建得到"渐变映射1"调整图层,然后在"属性"面板中单击渐变显示条,在弹出的"渐变编辑器"对话框中添加色彩并设置颜色,从左到右各色标的颜色值分别为030000、c57900、ffb400、ffd800和白色。

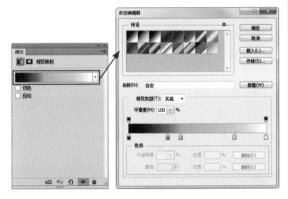

上面"渐变编辑器"中的渐变是针对当前照片设置的,读者在实际调整时,可根据照片的明暗分布情况进行适当的调整。例如,若照片的高光区域较大,则可以将右数第2个黄色色标再向右调整,以减少白色的比重。

步骤 02　深入美化整体色彩

在为照片叠加新的色彩后,整体的色彩还不够

浓郁,暖调的感觉不足,下面来进一步为其增加红色。

单击创建新的填充或调整图层按钮 ◐,,在弹出的菜单中选择"可选颜色"命令,创建得到"选取颜色1"调整图层,然后在"属性"面板中选择"中性色"选项并设置参数,以增强中灰色的色彩。

由于原始照片中存在一定的暗角问题,因此在调整颜色后,暗角区域的色彩变化较大,且显示出较多的噪点,因此下面将利用图层蒙版隐藏"可选颜色1"调整图层对该部分的调整。

选中图层"选取颜色1"的图层蒙版,设置前景色为黑色,选择画笔工具 ✎并设置适当的画笔大小及不透明度。

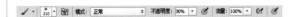

使用画笔工具 ✎在边角色彩较重的位置进行涂抹,以减淡其色彩。

此时按Alt键并单击"选取颜色1"的图层蒙版可以查看其中的状态。

步骤 03 优化噪点

此时放大照片显示比例可以看到，画面中有较多的噪点，下面就来针对此问题进行处理。

按Ctrl+Alt+Shift+E组合键执行"盖印"操作，从而将当前所有显示的照片合并至新图层中，得到"图层1"。

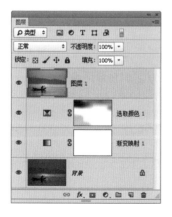

选择"滤镜"－"模糊"－"表面模糊"命令，在弹出的对话框中设置适当的参数，在能够将噪点模糊掉的同时，应尽可能保留更多的照片细节。

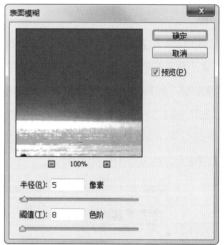

下图所示是处理前后的对比效果。

4.5　将黄绿色树叶调整成为金黄色

扫码观看视频

案例概述

在拍摄白桦树时，最美的拍摄时间就是深秋，此时的树叶基本都变成了金黄色，与白色的树干形成了鲜明的对比，画面也更具美感。但并不是每个人都能在恰当的时间拍摄白桦树，因此拍摄出的树叶颜色也会有较大差异，本例就来讲解将平淡的树叶颜色调整为金黄色的效果。

调修步骤

步骤 01　**调整照片整体曝光**

打开素材"第4章\4.5-素材.jpg"。

当前照片整体较为灰暗，因此在调色之前，先来优化一下照片的对比度。

单击创建新的填充或调整图层按钮 ，在弹出的菜单中选择"亮度/对比度"命令，创建得到"亮度/对比度1"调整图层，然后在"属性"面板中设置参数，以提高照片的亮度及对比度。

步骤 02　**调整照片整体的饱和度**

通过上一步的调整，我们已经基本调整好了照片的曝光，照片的色彩饱和度也有所提高，但还不够，下面来继续提高照片整体的饱和度。

单击创建新的填充或调整图层按钮 ，在弹出的菜单中选择"自然饱和度"命令，创建得到"自然饱和度1"调整图层，然后在"属性"面板中设置参数。

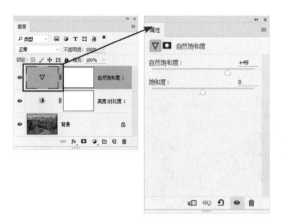

步骤03 **单独调整树叶的颜色**

至此，照片整体的调整已经基本完成，下面按照本节案例概述的文字，对其中的绿色和黄色的树叶进行调整。

单击创建新的填充或调整图层按钮 ⊘.，在弹出的菜单中选择"可选颜色"命令，创建得到"选取颜色1"调整图层，然后在"属性"面板中设置参数，以改变树叶的色彩。

第5章

锐化与去噪

5.1 快捷易用的 "USM锐化" 提升照片细节

扫码观看视频

案例概述

锐化可以调整出更多的照片细节，对包括人像在内的绝大部分照片来说，或多或少都存在一定的锐度提升的空间，所以锐化是一项不可或缺的后期处理技术。在本例中，主要是使用 "USM锐化" 命令进行快速锐化处理，用户可根据需要在其中设置参数，以调整锐化的强度，然后再结合图层蒙版及绘图功能，对锐化过度的区域进行恢复即可。

调修步骤

步骤 01 复制并转换换智能对象

打开素材 "第5章\5.1-素材.jpg"。

在实际的调整过程中，锐化参数可能需要反复的调整，以得到最佳的调整结果。因此为了便于反复调整，我们先复制 "背景" 图层并将其转换为智能对象，然后在应用 "USM锐化" 命令时，即可将其保存为智能滤镜，在需要时，直接双击该智能滤镜，即可重新调出对话框中并编辑参数。

按Ctrl+J组合键复制 "背景" 图层得到 "图层1"，在该图层的名称上单击鼠标右键，在弹出的菜单中选择 "转换为智能对象" 命令。

步骤 02 锐化照片细节

下面来使用 "USM锐化" 命令，对照片中的细节进行锐化处理。

为了便于观察，可以将照片的显示比例放大至100%，并将视图移至要锐化的主体，对人像照片来说，通常要以人物的面部及头发等细节为主。

选择 "滤镜" - "锐化" - "USM锐化" 命令。在弹出的对话框中设置参数，然后单击 "确定" 按钮退出对话框即可，此时 "图层1" 下方将生成相应的智能滤镜。

下图所示为锐化前后的局部效果对比。

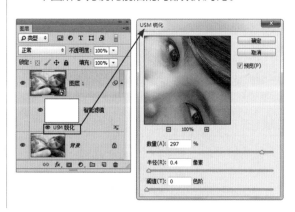

"USM锐化"对话框中的数值，应根据当前照片的大小、细节的多少等进行调整。

步骤 03 恢复锐化过度的区域

通常来说，在锐化时都是以最模糊的位置为准进行锐化，因此其他更清晰的区域会存在不同程度的锐化过度的问题，下面将利用图层蒙版对锐化过度的区域进行恢复处理。

单击添加图层蒙版按钮 ⬛ 为"图层1"添加图层蒙版，设置前景色为黑色，选择画笔工具 ✎ 并设置适当的画笔大小及不透明度，在锐化过度的区域涂抹以将其隐藏。

下图所示是使用画笔工具在锐化过度区域涂抹前后的效果对比。

按住Alt键并单击"图层1"的图层蒙版可以查看其中的状态。

下图所示是结合利用多个调整图层，对照片的曝光及色彩进行适当润饰后的效果，读者可以尝试制作，由于不是本例要讲解的重点，故不再详细讲解。

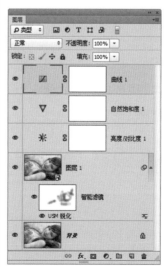

5.2 利用高反差锐化技巧并提升照片的立体感

扫码观看视频

案例概述

锐度不足几乎是所有数码照片的"通病"，无论摄影水平的高低、摄影器材的优劣，拍出的照片都具有一定的提高锐度的空间。恰当的锐化可以让照片的细节更为突出，从而提高画面的立体感和表现力。本例主要是结合"高反差保留"命令、图层混合模式及不透明度进行处理。其中"高反差保留"命令是本例的核心，它可以将照片边缘反差较大的区域保留下来，而反差较小的区域则被处理为灰色，这样就可以结合根据要锐化的强度，选择"强光""叠加"或"柔光"混合模式，将灰色过滤掉，而只保留边缘的细节，从而实现提高锐度及立体感的处理。

调修步骤

步骤 01 复制并转换换智能对象

打开素材"第5章\5.2-素材.JPG"。

在实际的调整过程中，"高反差保留"命令的数值可能需要反复的调整才能得到最佳的调整结果，因此为了便于反复调整，我们先来复制"背景"图层并将其转换为智能对象，然后在应用"高反差保留"命令时，即可将其保存为智能滤镜，在需要时，直接双击该智能滤镜，即可重新调出其对话框并编辑参数。

按Ctrl+J组合键复制"背景"图层得到"图层1"，在该图层的名称上单击鼠标右键，在弹出的菜单中选择"转换为智能对象"命令。

步骤 02 提高照片立体感

由于当前照片存在较严重的立体感不足的问题，因此在锐化其细节前，首先来提升其立体感。

选择"滤镜"-"其它"-"高反差保留"命令，在弹出的对话框中设置"半径"数值为132左右。

"高反差保留"对话框中的参数决定了立体感的增强程度，数值越高则立体感越强，但也要根据画面的需要进行设置，否则当数值越出一定范围后，立体感反而会被减弱。

设置"图层1"的混合模式为"强光"，以增强照片的立体感。

通常来说，使用"叠加"和"柔和"混合模式，配合一定的图层不透明度参数，就可以较好的提升图层立体感。但本例中的照片立体感非常差，因此使用了混合效果更为强烈的"强光"模式，读者在处理自己的照片时，可以根据需要进行选择和设置。

处理后的照片虽然大幅提升了立体感，但同时明暗也发生了较大的变化，其中右下方和左侧中间的礁石变化较为明显，而且出现了一定的曝光过度和曝光不足的问题，下面就来解决此问题。

单击添加图层蒙版按钮 ⬛ 为"图层1"添加图层蒙版，设置前景色为黑色，选择画笔工具 ✏ 并设置适当的画笔大小及不透明度，在上述曝光过度和曝光不足的位置涂抹以将其隐藏。

按住Alt键并单击"图层1"的图层蒙版缩览图可以查看其中的状态。

步骤 03　锐化照片细节

下面来使用"高反差保留"命令，对照片中的细节进行锐化处理。

按Ctrl+J组合键复制"图层1"得到"图层1拷贝"，双击该图层下方的"高反差保留"滤镜名称，在弹出的对话框中修改"半径"数值为1.9，然后单击"确定"按钮退出对话框即可。

"高反差保留"对话框中的数值可以根据当前照片的大小、细节的多少等进行调整。

在"图层"面板中设置"图层1"的混合模式为"强光"，以混合照片。

下图所示为锐化前后的局部效果对比。

下图所示是对画面色彩进行一定美化处理后的

效果，读者可以尝试制作。由于不是本例讲解的重点，故不再详细讲解。

5.3 利用"红"通道锐化人像

扫码观看视频

案例概述

在对人物进行锐化时，通常是希望对人物的眼睛、美貌、睫毛及头发等细节进行处理，而皮肤则尽量的做锐化处理，以保持皮肤柔和、白皙的状态，此时就可以尝试使用对"红"通道进行锐化的方法。

调修步骤

步骤 01 观察通道

打开素材"第5章\5.3-素材.jpg"。

为了验证本例前面所说的调整思路，首先显示"通道"面板并分别单击其中的"红""绿"和"蓝"通道，以查看其中的照片。

由于只对"红"通道进行锐化，另外两个通道中不会进行调整，因此锐化的强度可以稍高一些。

在"通道"面板中单击"RGB"通道，以返回照片编辑状态。由于单独对"红"通道做了调整，因此照片看起来会产生较多的红色杂边，此时可以设置"图层1"的混合模式为"明度"。

锐化前后的局部效果对比如下图所示。

通过对比可以看出，"绿"和"蓝"通道都包含了较多的皮肤细节，因此对这两个通道进行锐化后，皮肤也会被锐化。而"红"通道中的大部分皮肤都显示为白色，因此基本不会对皮肤造成影响。

步骤 02 锐化"红"通道

按Ctrl+J组合键复制"背景"图层得到"图层1"。

在"通道"面板中选择"红"通道，再选择"滤镜"-"锐化"-"USM锐化"命令，在弹出的对话框中设置适当的参数，然后单击"确定"按钮退出对话框即可。

步骤 03 恢复被锐化的皮肤

观察前面的"红"通道可以看出，人物额头存在一定的细节，因此先前的锐化处理会影响到皮肤，将照片显示比例放大到200%就可以看到明显的噪点，下面来利用图层蒙版进行恢复处理。

单击添加图层蒙版按钮 为"图层1"添加图层蒙版，设置前景色为黑色，选择画笔工具 并设置适当的画笔参数。

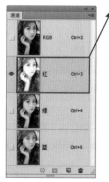

在人物额头的位置进行多次涂抹，直至隐藏被锐化的照片。

下图所示是隐藏前后的局部效果对比。

按住Alt键并单击"图层1"的图层蒙版可以查看其中的状态。

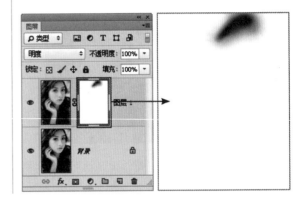

5.4 Lab颜色模式下的专业锐化处理

扫码观看视频

案例概述

在对照片进行锐化处理时，往往是选择RGB复合通道进行锐化处理。此时有不可避免的一个问题——可能会由于锐化而产生更多的异色，导致照片质量下降。越是严谨的锐化处理，对这方面的要求也就越严格，本例就来讲解一种在锐化的同时不会产生异色的方法。

调修步骤

步骤 01 转换Lab颜色模式

打开素材"第5章\5.4-素材.jpg"。

选择"图像"-"模式"-"Lab颜色"命令，从而将照片转换为Lab颜色模式，此时可以在"通道"面板中分别单击各个通道，以查看其中的内容，其中"明度"通道记录了当前照片全部的亮度信息。

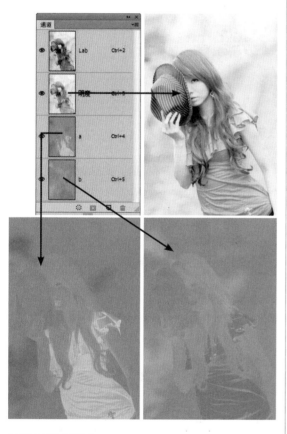

步骤 02 锐化照片

按Ctrl+J组合键复制"背景"图层得到"图层1"。

在"通道"面板中选择"明度"通道，再选择"滤镜"-"锐化"-"USM锐化"命令，在弹出的对话框中设置适当的参数，然后单击"确定"按钮退出对话框即可。

在"通道"面板中单击"Lab"通道，返回照片编辑状态。此时锐化前后的局部效果对比如下图所示。

步骤 03 恢复锐化过度的细节

由于前面是针对细节不太清晰的头发进行锐化，因此其他区域可能会略有一些锐化过度，下面就来解决这个问题。

选择"图层1"并单击添加图层蒙版按钮 为其添加图层蒙版，设置前景色为黑色，选择画笔工具 并在工具选项栏上设置适当的参数。

使用画笔工具 在人物身体上锐化过度的区域进行涂抹，直至消除锐化过度的问题，下页图所示是处理前后的局部对比。

按住Alt键并单击"图层1"的图层蒙版可以查看其中的状态。

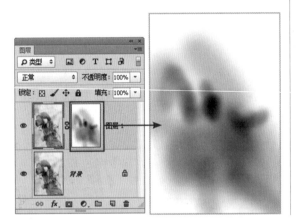

在完成锐化处理后，需要将照片转换回RGB颜色模式，否则将无法另存为JPG等常用照片格式。

选择"图像"－"模式"－"RGB颜色"命令即可。

由于当前文件中含有图层，此时会弹出提示框，询问是否合并图层，通常单击"不拼合"按钮即可。

5.5 使用"减少杂色"命令消除因长时间曝光产生的噪点

扫码观看视频

案例概述

在较暗的环境下长时间曝光拍摄时，画面中容易产生"热噪"，即随着曝光时间的增长，感光元件逐渐发热，而产生颗粒较大的噪点，曝光时间越长，"热噪"也相应地越强烈。

"热噪"的颗粒相比普通的噪点要更大一些，也更容易与照片中的细节混在一起，因此在恢复时，要特别注意在噪点与细节之间进行取舍。通常来说，细节的优先级是要高于噪点的，即宁可让照片存在一定的噪点，也要尽可能保留更多的细节。

调修步骤

步骤 01 初步消除噪点

打开素材"第5章\5.5-素材.JPG"。

由于"减少杂色"命令中的参数较多，因此下面将复制图层并将其转换为智能对象，从而在应用此滤镜后可以生成对应的智能滤镜，便于以后的编辑和修改。

按Ctrl+J组合键复制"背景"图层得到"图层1"，并在该图层的名称上单击鼠标右键，在弹出的菜单中选择"转换为智能对象"命令。

选择"滤镜"-"杂色"-"减少杂色"命令，在弹出的对话框中设置参数，以初步降低照片中的噪点。

下图所示为消除噪点前后的局部效果对比。

步骤 02 高级降噪处理

经过上面的调整，虽然在一定程度上消除了噪点，但画面中仍然剩余了较多的噪点，因此下面对其做进一步的处理。

选中对话框中的"高级"选项，此时将激活"整体"和"每通道"子选项卡，其中"整体"选项卡就是之前在选择"基本"选项时调整的默认参数，在"每通道"选项卡中，则可以分别针对各个通道进行单独的降噪处理。切换至"高级"子选项卡，选择"绿"通道，并设置下面的参数，直至得到满意的效果。

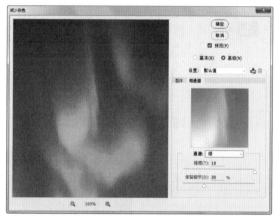

下图所示为消除噪点前后的局部效果对比。

观察可以看出，在"红"和"蓝"通道中也包含较多的噪点，但使用"减少杂色"命令已经无法再对照片做大幅的优化处理，因此这里放弃对这两个通道的处理。

步骤 03 平滑处理

此时，照片还存在一些较细小的噪点，而且极光边缘还存在一些由于做了大幅降噪处理而产生的锯齿状图像，下面通过对整体进行模糊处理，来解决此问题。

选择"滤镜"－"模糊"－"表面模糊"命令，在弹出的对话框中设置适当的参数，以消除细小的噪点及图像边缘的锯齿。

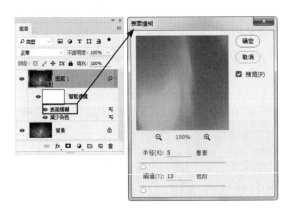

下图所示是调整前后的局部效果对比。

步骤 04 恢复细节

经过前面两步的处理，我们已经消除了几乎的所有的噪点，但同时也丧失了一些细节，这主要集中在画面下方的大山上，下面就来解决这个问题。

选择"图层1"的图层蒙版，设置前景色为黑色，选择画笔工具 ✐ 并在其工具选项栏上设置适当画笔大小、不透明度等参数，然后在图像下方的大山上进行涂抹，以恢复一定的细节。

按住Alt键并单击"图层1"的图层蒙版缩览图可以查看其中的状态。

注意这里不要恢复过多的细节，因为大山上原来存在较多的噪点，恢复得越多，噪点也会显示的更多。

下图所示为恢复细节前后的局部效果对比。

步骤 05　锐化细节

通过前面的处理，照片损失了较多的细节，虽然上一步已经恢复了一些大山的细节，但对画面整体来说，仍然不够，因此下面对照片进行锐化处理，并适当提高其立体感。

选择"图层"面板顶部的图层，按Ctrl＋Alt＋Shift＋E组合键执行"盖印"操作，从而将当前所有的可见照片合并至新图层中，得到"图层2"，并将其转换为智能对象。

选择"滤镜"－"其它－"高反差保留"命令，在弹出的对话框中设置"半径"数值为15。

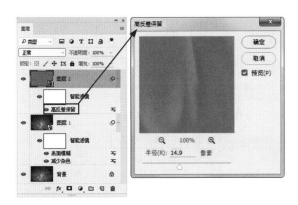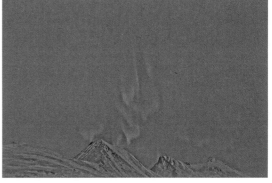

设置"图层2"的混合模式为"柔光"，强化照片中的细节、提升其立体感。

下图所示为锐化前后的局部效果对比。

5.6　优化大幅提高曝光后产生的大量噪点

扫码观看视频

摄影师：李文平

案例概述

RAW格式照片拥有非常高的宽容度，对曝光不足的照片来说，可以实现大幅提升亮度的处理，但与此同时，也会产生大量的噪点。本例就来讲解对照片进行降噪处理的方法。值得一提的是，在对曝光不足的照片进行校正时，就应该考虑到可能会产生的噪点，且提亮的幅度越大，生成的噪点也就越多，因此要注意这二者的平衡。在调整好曝光后，分别针对画面中的噪点和异色进行校正即可。

调修步骤

步骤 01　优化照片曝光问题

打开素材"第5章\5.6-素材.cr2"，以启动Camera Raw软件。

当前照片存在严重的曝光不足问题，因此在裁剪照片后，对其进行曝光方面的调整。

选择"基本"选项卡，在右侧中间区域调整照片整体的曝光与对比度。

初步调整照片的曝光后，下面再来调整照片的色彩。

保持在"基本"选项卡中，设置照片的白平衡、清晰度及饱和度等参数，以改善照片的色彩。

步骤 02 **消减噪点**

此时，放大照片的显示比例可以看出，提亮后的阴影部分显示出了较多的噪点。下面就来解决这个问题。

切换至"细节"选项卡，向右侧拖动"明亮度"滑块，以降低照片中的噪点，并尽量保留较多的细节。

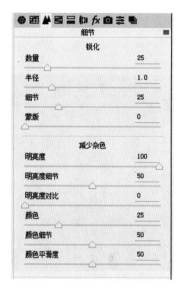

下图所示是处理前后的效果对比。

在消除了部分亮度噪点后，还剩余了大量的彩色噪点，下面继续对其进行消减处理。

在"细节"选项卡中，调整"颜色"与"颜色细节"滑块，以改善画面中的杂色。

下图所示是处理前后的效果对比。

　　下图是再对照片中部分色彩及暗角问题进行修饰后的效果，由于不是本例讲解的重点，故不再详细说明。

第 6 章

将照片转换为黑白

6.1　通过分色调整的方法制作富有层次感的黑白照片

扫码观看视频

案例概述

黑白照片最大的特点就在于，以其清晰的层次感突出照片的主体和意境。但对于色彩比较复杂的照片来说，往往需要对不同的色彩进行适当的调整，才能最终得到层次感极佳的黑白照片。

以本例的照片来说，其色彩主要由蓝和紫两种颜色构成，但由于照片本身的光比很大，因此色彩也呈现出非常多样化的效果。在调整时，除了要注意色彩的层次外，还要注意避免高光区域在转换为黑白色以后变得曝光过度的问题。

调修步骤

步骤 01 **亮部的黑白色调整**

打开素材"第6章\6.1-素材.jpg"。

对于当前的照片来说，高光区域，也就是左上方天空中的云彩细节较多，在将其处理为黑白照片时，由于高光区域容易出现曝光过度的问题，因此尤其要注意对该部分的处理。下面先对高光进行黑白色的调整处理。

单击创建新的填充或调整图层按钮 ，在弹出的菜单中选择"黑白"命令，得到图层"黑白1"，在"属性"面板中选择"红外线"预设，将图像处理成为单色。

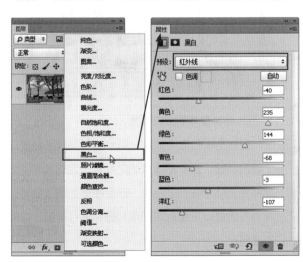

在上面的操作中，笔者是通过选择了所有的预设并进行效果对比，最终决定选用了"红外线"预设。

读者在处理照片时，可根据照片的特点及想要得到的效果选择合适的预设。

对于当前的调整结果，我们主要是希望保留照片中对云彩的调整，因此下面利用现有图像对云彩区域进行保留处理。

按Ctrl+A组合键执行"全选"操作，按Ctrl+Shift+C组合键执行"合并拷贝"命令，然后按住Alt键单击"黑白1"的图层蒙版以进入编辑状态，接着按Ctrl+V组合键执行"粘贴"操作，最后再单击"黑白1"的图层缩览图以返回图像编辑状态。

步骤02　中间调与暗部的黑白调整

通过上面的操作，我们已经将照片中的高光云彩细节保留了下来，下面将继续对照片的中间调与暗部进行类似的处理。

单击创建新的填充或调整图层按钮 ⊘.，在弹出的菜单中选择"黑白"命令，得到图层"黑白2"，在"属性"面板中使用默认的参数即可，从而将图像处理成为单色。

按住Alt键并拖动"黑白1"的图层蒙版至"黑白2"上，默认情况下将弹出提示框，如下图所示。

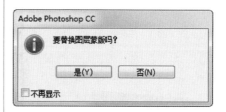

单击"是"按钮以替换图层蒙版。

按Ctrl+I组合键执行"反相"操作，从而让当前的"黑白2"调整图层仅对照片的中间调与暗调进行调整。

步骤03　照片整体的黑白调整

至此，我们已经分别对照片的各亮度区域进行了黑白调整，由于图层蒙版之间有一定的差异，因此照片仍然存在一些色彩，而且整体的黑白效果层次并不太好，下面就来对照片整体进行调整，以解决此问题。

单击创建新的填充或调整图层按钮 ⊘.，在弹出的菜单中选择"黑白"命令，得到图层"黑白3"，在"属性"面板中选择"最白"预设。

　　通过上面的调整，照片已经完全变为了黑白色，但整体显得非常灰暗，层次感也不好。下面将通过分别对不同的颜色进行单独调整，以解决此问题。

　　选择图层"黑白3"，并在"属性"面板中分别调整不同的参数，尤其是构成照片主色的蓝色与紫色，直至得到较好的效果。

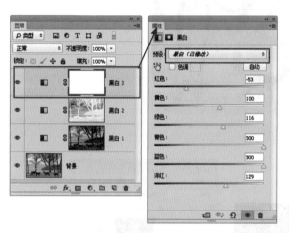 

步骤 04　调整底部曝光

　　至此，照片底部的雪地有些欠曝，下面来对此区域进行单独的调整。在本例中，我们结合"曲线"调整图层与图层蒙版对其进行调整，在使用"曲线"调整图层处理时，可暂时忽略对底部以外区域的调整，在后面，我们会利用图层蒙版对其调整范围进行限制。

　　单击创建新的填充或调整图层按钮 ，在弹出的菜单中选择"曲线"命令，得到图层"曲线1"，在"属性"面板中设置其参数，以调整照片的亮度。

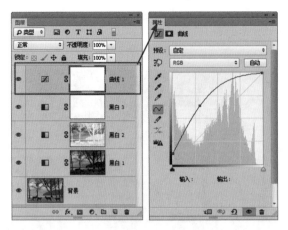

　　选择"曲线1"的图层蒙版，并按Ctrl+I组合键执行"反相"操作，然后设置前景色为白色，选择画笔工具  并设置适当的画笔大小与不透明度，在画面的底部区域上进行多次涂抹，直至得到满意的效果。

　　按住Alt键并单击"曲线1"的图层蒙版可查看其中的状态。

6.2　调制高反差的黑白大片

扫码观看视频

案例概述

时下，拍摄彩色照片是很常见的事，但在相机刚刚被发明时，人们只能用它拍摄黑白照片，因此黑白照片效果容易给人一种怀旧的感觉，尤其是在人文类照片中，黑白照片独有的表现力，能够进一步强化照片的韵味。另外，由于黑白照片没有色彩，因此能够将观者的注意力更集中在照片的内容上，更容易突出画面的主体。在不失协调性的前提下，黑白照片的反差越大，就越容易达到吸引观者的目的。本例就来讲解制作高反差照片的方法，首先要将照片处理为大致合适的黑白效果，然后再大幅提高照片的对比度即可。要注意的是，高对比度不等同于曝光过度或曝光不足，而且调整过程中还要注意一些关键位置不要出现过亮或过暗的问题。

调修步骤

步骤 01　**初步将照片转换为黑白**

打开素材"第6章\6.2-素材.cr2"，以启动Camera Raw软件。

下面先将照片初步转换为黑白色彩，以便后面对其黑白效果及反差进行处理。

下面将照片处理为有层次的黑白效果。选择"HSL/灰度"选项卡，并选中"转换为灰度"选项，此时Camera Raw会自动对照片进行一定的处理，具体表现就是下方的各个滑块的数值会发生变化。

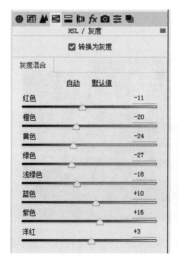

步骤 02 强化立体感与反差

初步调整好黑白效果后，照片显得非常灰暗，缺少立体感与反差，下面就来对其进行强化处理。

选择"效果"选项卡并向右拖动"去除薄雾"下方的"数量"滑块，以增强画面的通透感。

选择"基本"选项卡，在右侧参数区的底部向右拖动"清晰度"滑块，以进一步提高照片的立体感与细节。

步骤 03 优化照片曝光

通过上面的调整，大大强化了照片的反差，但同时也导致其曝光存在一定问题，下面分别来对其进行校正处理。

选择"基本"选项卡，在右侧参数区的中间部分调整各个参数，以改善照片的曝光与对比度。

上面是以天空为主进行的曝光调整，此时观察地面上的大山和平地，仍然存在较严重的曝光问题，下面分别对其进行调整。

选择调整画笔工具 ✎ 并在右侧设置的画笔大小等参数，然后在大山上涂抹，以确定调整的范围。

在右侧设置适当的参数，直至得到满意的调整结果。

若对此范围不满意，可以按住Alt键进行涂抹，以减小调整范围。

按照上述方法，使用画笔工具再在平地上进行涂抹，并设置相应的参数，以适当降低其曝光值，使照片整体显得较为协调。

6.3 制作层次丰富细腻的黑白照片

扫码观看视频

案例概述

彩色照片后期转为黑白照片的最大要点是：使画面有丰富的层次。当夕阳照片在彩色状态下时，画面的部分曝光过度可曝光不足并不会影响到画面的整体观看效果，而当将其转为黑白时，就会出现缺少细节的现象，影响画面的观看效果，因此需要进行适当的调整。

在本例中，主要是先将照片以基本的技术处理为黑白色，并适当优化其明暗细节，然后利用中性灰图层，根据照片细节的表现需求分别对各部分元素进行精细的调整。在调整时，除了要注意色彩的层次外，还要注意尽量避免高光区域在转换为黑白色以后变得曝光过度的问题。

调修步骤

步骤 01 初步处理得到黑白效果

打开素材"第6章\6.3-素材.JPG"。

单击创建新的填充或调整图层按钮 ⊘，在弹出的菜单中选择"黑白"命令，得到图层"黑白1"，在"属性"面板中选择"默认"预设即可，从而将图像处理成为单色。

在上面的操作中，笔者是通过选择了所有的预设并进行效果对比，最终决定选用了"默认"预设。读者在处理照片时，可根据照片的特点及想要得到的结果选择合适的预设。

步骤 02 调整暗部细节

对于原照片，由于色彩的存在，暗部的曝光问题并不明显，但在将照片处理为黑白色以后，由于原来的颜色变得相对较暗，此时原来的暗部就会显得更暗，导致照片整体变得曝光不足且不够通透，下面就来对暗部及亮部进行适当的优化处理。

选择"图层"面板顶部的图层，按Ctrl＋Alt＋Shift＋E组合键执行"盖印"操作，从而将当前所有的可见图像合并至新图层中，得到"图层1"。

选择"图像"－"调整"－"阴影/高光"命令，在弹出的对话框中设置参数，以调整图像的阴影。

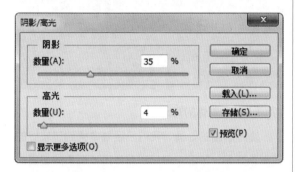

步骤03 优化细节

通过前面的调整，画面已经基本拥有了较好的黑白效果，但还有一些细节需要优化，在这里，我们使用中性灰图层，结合加深工具与减淡工具进行处理。

选择"图层"－"新建"－"图层"命令，在弹出的对话框中设置参数，单击"确定"按钮退出对话框。

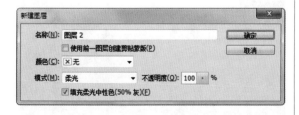

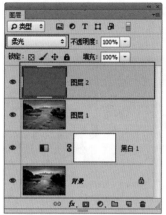

在"新建图层"对话框中，设置模式为"柔光"，目的是使得到的新图层具有所设置的图层属性。选择该选项可以以所选模式创建一个填充50%灰色（即中性灰）的图层。

创建中性灰图层后，画面并没有任何的变化，这是因为当前设置的"柔光"混合模式刚好过滤掉所有的中性灰色，其作用在于，下面我们可以在该图层中，通过将中性灰提亮与降暗，影响下面图像的亮度，从而实现对细节进行优化处理的目的。

在本例中，将使用加深工具与减淡工具分别进行降暗和提亮处理。用户也可以根据自己的喜好和习惯，使用画笔工具以更亮或更暗的颜色进行处理，也可以达到相同的目的。

选择加深工具并在其工具选项栏中设置适当的参数。

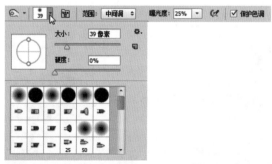

使用加深工具 🔍 在照片的阴影区域涂抹，以加深图像，直至得到满意的效果。

使用加深工具 🔍 可以使图像中被操作的区域变暗。按住Alt键并单击"图层2"左侧的指示图层可见性按钮 👁 即可单独显示该图层中的图像，重复操作即可恢复原图像状态。下图所示为单独显示"图层2"时的状态。

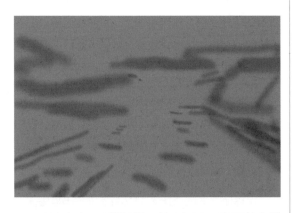

选择减淡工具 🔍 并按照前面加深工具 🔍 的参数进行设置，然后在阴影附近涂抹，以提亮图像。

下图所示为单独显示"图层2"时的状态。

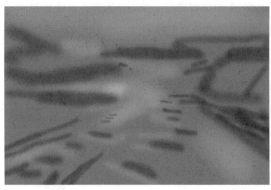

步骤 04 优化整体的对比

通过前面的处理，我们已经基本得到了较好的黑白色效果，下面来最后对整体进行适当的提高对比度处理，使画面更加通透。

单击创建新的填充或调整图层按钮 ⊘，在弹出的菜单中选择"亮度/对比度"命令，得到图层"亮度/对比度1"，在"属性"面板中设置其参数，以调整图像的亮度及对比度。

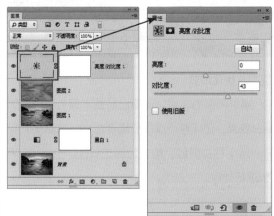

第 **7** 章

照片创意合成与特效

7.1 运用合成手法打造唯美水景大片

扫码观看视频

案例概述

在以水面为主体拍摄照片时，若与天空之间的光比太大，可以以水面及其周围的礁石为主体进行曝光。因为相对而言，水面及其周围的元素的细节相对较多，相对也更难进行修复或替换处理。而天空则相对来说更容易处理一些。

调修步骤

步骤 01 校正照片的倾斜问题

打开素材"第7章\7.1-素材1.RAF"，以启动Adobe Camera Raw软件。

从整体上看，照片存在较明显的倾斜问题，也就是地平线不是水平的，这会在很大程度上影响画面的美感和平衡感，因此下面先对此问题进行校正处理。

选择拉直工具 ，将鼠标光标置于左侧的地平线起始位置。

按Enter键确认拉直处理。

按住鼠标左键向右侧拖动虚线，并保持虚线与地平线平行。释放鼠标左键，完成校正处理，此时将自动对照片进行相应的裁剪处理。

步骤 02 调整画面色调与曝光

在本例中，主要是想将画面处理为以暖调为主的效果，在曝光方面保持正常即可，因此下面先从整体的色调入手进行调整。

在"基本"选项卡顶部分别调整"色温"和
"色调"参数，直至得到满意的暖调效果。

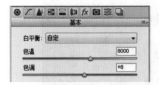

继续在"基本"选项卡的中间及底部区域分别
设置各个参数，以适当优化照片的曝光与色彩。

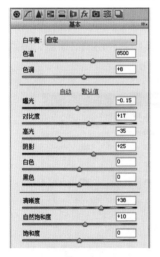

在"效果"选项卡中，向右侧拖动Dehaze下
方的数量滑块，以适当增强画面的通透感。

步骤 03 **导出JPG格式照片**

至此，我们已经基本调整好画面的整体色彩及
曝光，下面将转至Photoshop中对细节及天空进行
处理。

单击Camera Raw软件左下角的"存储图像"
按钮，在弹出的对话框中设置输出参数。

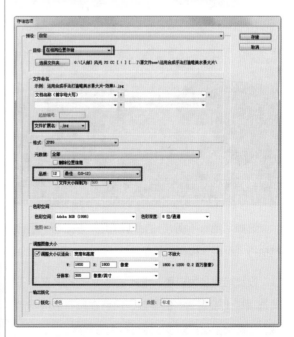

设置完成后，单击"存储"按钮即可在与当

前RAW格式照片相同的文件夹下生成一个同名的JPG格式照片。

步骤 04 **优化局部的色彩**

观察照片可以看出，下方水面和周围礁石的色彩较为相近，因此显得有些平淡，下面将结合调整图层与图层蒙版，分别对水面与礁石的色彩进行一定的调整，使二者具有较好的对比和层次差异。

打开上一步导出的JPG格式照片，单击创建新的填充或调整图层按钮 ○.，在弹出的菜单中选择"色彩平衡"命令，得到图层"色彩平衡1"，在"属性"面板中设置其参数，以调整照片的颜色。

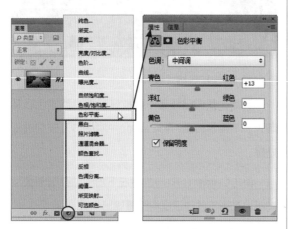

选择"色彩平衡1"的图层蒙版，按Ctrl+I组合键执行"反相"操作，从而将其处理为纯黑色。

设置前景色为白色，选择画笔工具 ✓.并在其工具选项栏上设置适当的参数，然后在礁石上进行涂抹，使调整图层只对该区域进行色彩调整。

按住Alt键并单击"色彩平衡1"的图层蒙版可以查看其中的状态。

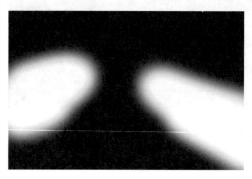

按照上述方法，再创建"色彩平衡2"调整图层，并适当设置其参数，然后利用图层蒙版，将其调整范围限制在水面区域内。

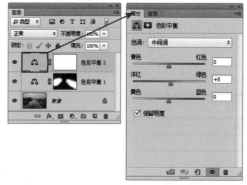

按住Alt键并单击"色彩平衡2"的图层蒙版可以查看其中的状态。

步骤 05　合成新的天空

本例的天空较为单调，缺乏美感，因此本例将使用一幅漂亮的天空背景进行替换，下面来讲解具体的操作方法。

新的天空背景底部与地平线的连接处还比较生硬，下面来使其具有柔和、自然的过渡。

打开素材"第7章\7.1-素材2.JPG"。按住Shift键并使用移动工具 将替换的天空背景拖至本例操作的文件中，得到"图层1"。按Ctrl + T组合键调出自由变换控制框，适当的调整图像的大小及角度，并将其底部与地平线对齐。

单击添加图层蒙版按钮 为"图层1"添加蒙版，选择渐变工具 ，在其工具选项条中选择线性按钮 ，并选择"黑白渐变"预设，然后在底部边缘处从下至上绘制渐变。

得到满意的效果后，按Enter键确认变换即可。

按住Alt键并单击"图层1"的图层蒙版可以查看其中的状态。

步骤 06 锐化细节

通过前面的处理，画面主体已经基本完成，因此下面对其进必要的锐化处理，以呈现出更多的细节。

选择"图层"面板顶部的图层，按Ctrl + Alt + Shift + E组合键执行"盖印"操作，从而将当前所有的可见图像合并至新图层中，得到"图层2"，并在其图层名称上单击鼠标右键，在弹出的菜单中选择"转换为智能对象"命令，便于下面对该图层应用滤镜。

选择"滤镜"–"其它"–"高反差保留"命令，在弹出的对话框中设置"半径"数值为2.1。

设置"图层2"的混合模式为"柔光"，以强化照片中的细节。

下图所示为锐化前后的局部效果对比。

步骤 07 添加光晕

为了增加整体的氛围，下面来对照片添加一个镜头光晕。

新建得到"图层3"，设置前景色为黑色，按Alt+Delete组合键填充前景色，然后在其图层名称上单击鼠标右键，在弹出的菜单中选择"转换为智能对象"命令，再设置其混合模式为"滤色"。

将"图层3"转换为智能对象是为了后面添加"镜头光晕"命令时，能够生成相应的智能滤镜，并且由于光晕的位置可能无法一次调整到位，此时可以双击该智能滤镜，在弹出的对话框中进行反复编辑，直至得到满意的效果为止。将"图层3"的混合模式设置为"滤色"，是为了将黑色完全过渡掉，在后面添加镜头光晕后，可以只保留光晕。

选择"滤镜"–"渲染"–"镜头光晕"命令，在弹出的对话框中设置参数，并适当调整光晕的位置。

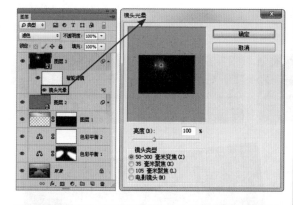

步骤 08 为天空补充蓝色

当前天空存在少量的蓝色，从整体上来说，该色彩可以与其他色彩形成鲜明的对比，增加画面的美感，但当前的色彩范围较小，且色彩不够纯正，下面就来对其进行调整。

设置前景色的颜色值为81b0f7，单击创建新的填充或调整图层按钮 ◎，，在弹出的菜单中选择"渐变"命令，在弹出的对话框中设置参数，同时得到图层"渐变填充1"。

在创建"渐变填充1"图层前设置前景色，是由于此命令默认使用"从前景色到透明"的渐变，因此在设置前景色后，刚好可以自动设置为我们所需要的渐变。

设置"渐变填充1"的混合模式为"颜色加深"，不透明度为72%，使其中的色彩叠加在天空区域。

上面添加的渐变有一部分超出了天空的范围，影响了水面及礁石，因此下面来将其隐藏一部分。

按照步骤05的方法，选择"渐变填充1"的图层蒙版，并在其中绘制黑白渐变，以隐藏多余的蓝色渐变。

按住Alt键并单击"渐变填充1"的图层蒙版可以查看其中的状态。

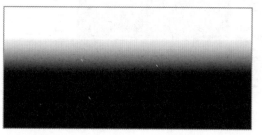

7.2 合成多张照片获得宽画幅星野照片

扫码观看视频

在拍摄照片时，为了突出景物的全貌，常常会使用超宽画幅进行表现。通常来说，较为简单的方法是摄影师可以拍摄全景并将其裁剪为宽画幅，但这样会损失大量的像素，因此，对于高质量、高像素的全景图来说，较常见的方法是通过在水平方向上连续拍摄多张照片，然后将其拼合在一起的方式实现的。在本例中，笔者在水平和垂直方向上共拍摄了16张RAW格式照片并进行处理和拼合。

调修步骤

步骤 01 在Adobe Camera Raw中初步调整照片

打开素材"第7章\7.2-素材"文件夹中的所有RAW格式照片，以启动Adobe Camera Raw软件。

本例的照片在拍摄时是以汽车的高光为主进行曝光的，因此画面其他区域存在较严重的曝光不足问题，导致银河没有很好地展现出来，因此下面将借助RAW格式照片的宽容度，初步对照片进行处理。

在左侧的列表中单击一下，按Ctrl+A组合键选中所有的照片，从而对照片进行统一的处理。

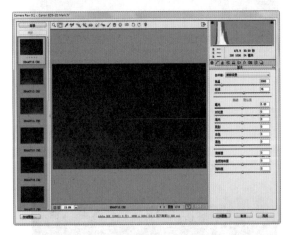

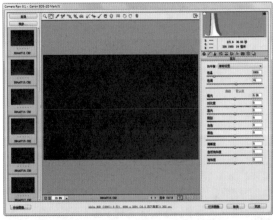

　　这里是以调整天空中的星星为主进行处理，因此我们可以选择一张具有代表性的照片，例如这里选择的是BR4A0715.CR2，单击此照片后，需要再次按Ctrl+A组合键以选中所有的照片。

　　首先，在"基本"选项卡中调整"阴影""白色"及"黑色"参数，以初步调整照片的曝光，显示出更多的星星。

　　下面来调整照片的色彩。此时要注意增强画面蓝色的同时，保留高光区域一定的紫色调。

　　在"基本"选项卡中分别调整"色温""清晰度"及"自然饱和度"参数，从而美化照片的色彩。

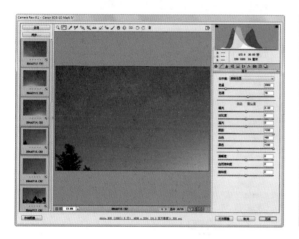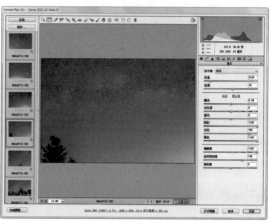

　　在"相机校准"选项卡中选择"Camera Neutral"预设，以优化照片的色彩。

　　当前的画面还有些不够通透，下面来对其进行深入调整。

　　在"效果"选项卡中，适当的提高Dehaze的"数量"数值，使画面细节显示得更多，整体更加通透。

步骤 02　优化照片的高光

　　至此，我们已经调整好了画面的基本曝光和色彩，但这是以天空及星星为准进行调整的，此时选择汽车附近的照片，可以看出，该区域存在较严重的曝光过度问题，下面来对其进行校正。

　　首先，单击照片BR4A0726.CR2，然后按住Shift键再单击BR4A0718.CR2，以选中包含了高光的照片，然后在"基本"选项卡中，适当降低"白色"参数，以恢复其中的高光细节。

步骤03 将照片转换为JPG格式

至此，照片的初步处理已经完成，下面来将其导出为JPG格式，从而在Photoshop中进行合成及润饰处理。

选中左侧所有的照片，单击Camera Raw软件左下角的"存储图像"按钮，在弹出的对话框中适当设置输出参数。

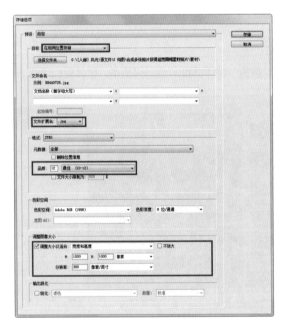

设置完成后，单击"存储"按钮，即可在与当前RAW格式照片相同的文件夹下生成一个同名的JPG格式照片。

为了便于下面在Photoshop中处理照片，可以在导出时，将JPG格式的照片放在一个单独的文件夹中。

步骤04 初步拼合全景照片

选择"文件"－"自动"－"Photomerge"命令，在弹出的对话框中单击"浏览"按钮，在弹出的对话框中打开所有上一步导出的JPG格式照片。单击"打开"按钮从而将要拼合的照片载入到对话框中，并适当设置其拼合参数。

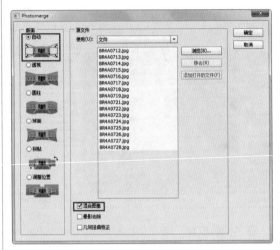

单击"确定"按钮即可开始自动拼合全景照片，在本例中，照片拼合后的效果如下图所示。

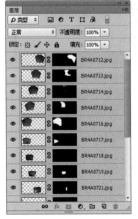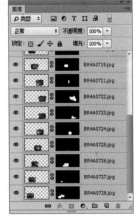

步骤 05 **裁剪空白边缘**

在完成全景图的拼合后，其边缘会产生一定的空白，下面来将其裁剪掉。为了尽可能保留更多的照片内容，在裁剪时，将大面积的空白裁剪掉即可，剩余的少量空白可通过修复处理填补起来。

选择裁剪工具，沿着照片边缘绘制裁剪框，并适当调整其大小。

按Enter键确认裁剪操作。

步骤 06 **填补少量的边缘空白**

对于裁剪后剩余的少量空白，我们可以通过修复功能进行填补。此处剩余的空白，可根据照片的复杂程度进行适当保留。本例全景图中的边缘较为规整，没有特别复杂的元素，修复起来较为容易，留白可适当多一些。

使用套索工具在各个存在空白的位置绘制选区，以将其选中。

按Ctrl+Shift+E组合键将当前所有的图层合并，然后选择"编辑"－"填充"命令，在弹出的对话框中设置适当的参数，单击"确定"按钮退出对话框，并按Ctrl+D组合键取消选区，从而将空白处填补起来。

至此，照片已经基本完成了初步的拼合处理。此后，我们还可以对智能填充后的细节、曝光及色彩进行处理，但由于这些不是本例要讲解的重点，故不再详细介绍。

7.3 利用堆栈技术合成流云效果的无人风景区

扫码观看视频

案例概述

由于日间环境中的光线非常充分，因此难以通过长时间曝光的方式拍摄出流云效果。另外，在景区中拍摄景物时，往往由于游人较多，很难拍摄到空无一人的画面。Photoshop提供了一个非常简单易用的解决方案，能够同时解决以上两个问题，本例就来讲解其处理方法。

调修步骤

步骤 01 载入堆栈

选择"文件"-"脚本"-"将文件载入堆栈"命令，在弹出的对话框的"使用"下拉列表中选择"文件夹"选项，然后单击"浏览"按钮，在弹出的对话框中打开"第7章\7.3-素材"素材文件夹，以载入其中的照片，并注意一定要选中"载入图层后创建智能对象"选项。

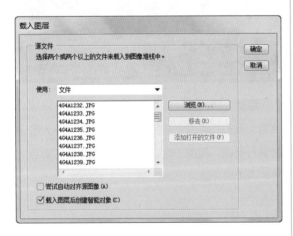

若原始照片存在错位的问题，可以选中"尝试

自动对齐源图像"选项，否则建议不要选中，不然可能会大幅增加合成处理的时间。另外，若在"载入图层"对话框中忘记选中"载入图层后创建智能对象"选项，可以在完成堆栈后，选择"选择"-"所有图层"命令以选中全部的图层，再在任意一个图层名称上单击鼠标右键，在弹出的菜单中选择"转换为智能对象"命令即可。

单击"确定"按钮，即开始载入照片并将其转换为智能对象图层。

选择"图层"-"智能对象"-"堆栈模式"-"中间值"命令，以计算当前智能对象中的图像。

在实际处理过程中，也可以尝试使用其他的堆栈模式，得到不同的混合效果。在本例中，如果选择"平均值"模式，则天空中的流云会变得更加柔和，但存在的问题就是，流云的移动线条被减弱，失去了一些动感，另外，近景桥面上也会显示出较多的人物，这些都要通过后期处理进行修除。读者可以根据个人的喜好选择适当的堆栈模式。

在确认得到满意的堆栈结果后，可以在图层名称上单击鼠标右键，在弹出的菜单中选择"栅格化"命令，以将其转换为普通图层。这是由于当前智能对象图层中包含了100多张照片，因此保存和处理时时都会占用大量的硬盘空间和系统资源，因此在确认得到满意的效果后，将其栅格化即可。

步骤 02　恢复被模糊的区域

通过上一步的处理，照片中绝大部分多余的人物都被自动滤除了，而且天空中的云彩也形成了漂亮的流动效果，但仔细观察画面中的景物也可以看出，中景的树木、近景的荷花叶子都变得有些模糊，这是前面对智能对象设置堆栈模式产生的问题，下面来解决此问题。

具体来说，当前照片左右两侧的树木和近景的荷花叶子存在模糊的问题，因此我们要找到一幅原始照片，其中对应的区域应该是清晰且没有多余的游客的。

按照上述要求，我们从本例的素材文件夹中找到一幅合适的照片，这里笔者选择的是4G4A1269.jpg。打开此照片后，按住Shift键使用移动工具将其拖至正在处理的照片中，得到"图层1"。

下面要将"图层1"中左右树木和荷花图像保留下来，由于它们都是绿色的，且与环境有较大的差异，因此我们可以利用通道获得其选区。之前合成完的照片中没有任何的杂物，因此是作为基础的好选择，下面来讲解其方法。

隐藏"图层1"并选择"背景"图层。在"通道"面板中，分别单击红、绿、蓝3个通道，以观察其中的图像，并挑选出树木及荷花图像与周围对比最好的一个通道，在本例中，笔者选择了"蓝"通道。

复制"蓝"通道得到"蓝 拷贝"通道，按Ctrl+L组合键应用"色阶"命令，在弹出的对话框中设置参数以提高图像的对比度。

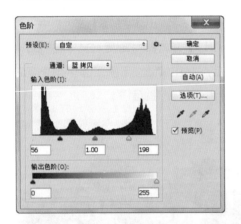

按Ctrl键单击"蓝 拷贝"通道的缩览图以载入其选区，然后切换至"图层"面板中，显示并选择"图层1"，单击添加图层蒙版按钮，以当前选区为其添加蒙版，从而隐藏选区以外的内容。

当前还剩一些多余的人物残影没有修除掉，下面来将其隐藏起来。

选择"图层1"的图层蒙版，设置前景色为黑色，选择画笔工具并在其工具选项栏上设置适当画笔大小、不透明度等参数，然后在多余的人物上进行涂抹，以隐藏对应区域的照片。

按住Alt键并单击"图层1"的图层蒙版缩览图，可以查看其中的状态。

步骤03 修除桥面上剩余的部分人物

在桥的扶手处，还有一点多余的人物残影未修除，这些需要继续编辑图层蒙版，显示出"图层1"中的图像，以覆盖这里的图像。

选择"图层1"的图层蒙版，设置前景色为白色，选择画笔工具并在其工具选项栏上设置适当画笔大小及不透明度等参数，然后在桥面上多余的人物上进行涂抹，以显示"图层1"中对应区域的图像，覆盖下面的内容。

按住Alt键并单击"图层1"的图层蒙版缩览图可以查看其中的状态。

步骤 04 修复右侧树木的模糊问题

此时，照片最右侧的树木还有一些模糊，主要是由于"图层1"中的照片在这里是一个人物，因此无法覆盖这些的模糊图像。下面来选用另外一幅照片来修复这些的模糊问题，这里选择的是4G4A1262.jpg。

打开上述素材，按照前面讲解的方法，将其拖至本例处理的照片，得到"图层2"。

按住Alt键并单击添加图层蒙版按钮为"图层2"添加图层蒙版，从而将当前图层中的照片隐藏起来，然后设置前景色为白色，选择画笔工具并设置适当的画笔大小及不透明度，在最右侧模糊的树木上涂抹以显示该区域图像。

按住Alt键并单击"图层2"的图层蒙版缩览图可以查看其中的状态。

步骤 05 **润饰照片曝光与色彩**

至此，我们已经基本完成了对照片的合成处理，不仅制作出了流云效果，而且也将景区中多余的人物修除了，目前照片整体还需要一些曝光和色彩方面的修饰，下面来讲解其方法。

单击创建新的填充或调整图层按钮，在弹出的菜单中选择"色阶"命令，得到图层"色阶1"，在"属性"面板中设置其参数，以调整照片的亮度及颜色。

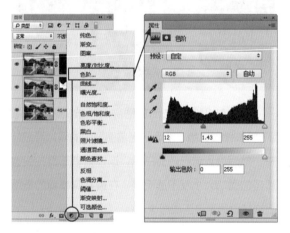

单击创建新的填充或调整图层按钮，在弹出的菜单中选择"自然饱和度"命令，得到图层"自然饱和度1"，在"属性"面板中设置其参数，以调整照片整体的饱和度。

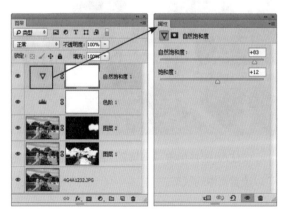

步骤 06 **优化细节及立体感**

至此，我们已经基本完成了照片的处理。为了让照片的细节更加突出，下面来使用"高反差保留"锐化法，对照片的细节进行优化处理。

选择"图层"面板顶部的图层，按Ctrl＋Alt＋Shift＋E组合键执行"盖印"操作，从而将当前所有的可见照片合并至新图层中，得到"图层3"。

在"图层3"的名称上单击鼠标右键，在弹出的菜单中选择"转换为智能对象"命令，从而将其转换成为智能对象图层，以便下面对该图层中的照片应用及编辑滤镜。

选择"滤镜"－"其它"－"高反差保留"命令，在弹出的对话框中设置"半径"数值为14左右，单击"确定"按钮退出对话框。

设置"图层3"的混合模式为"柔光"，以强化照片中的细节、提升其立体感。

下图所示为锐化前后的局部效果对比。

7.4 制作唯美的光斑效果

扫码观看视频

通过使用大光圈进行脱焦拍摄，可以形成非常漂亮的光斑效果，但如果由于光圈不够大或其他原因拍不出这样的效果，那么使用本例讲解的方法，也能够制作出好看的光斑。

调修步骤

步骤 01 **调整画面的亮度/对比度**

打开素材文件"第7章\7.4-素材.jpg"。选择"图像"–"调整"–"亮度/对比度"命令，在弹出的对话框中设置参数，以降低照片的亮度并增强其对比度，使照片的明暗对比更加强烈。

步骤 02 **应用场景模糊**

选择"滤镜"–"模糊画廊"–"场景模糊"命令，然后在工具选项栏上选中"高品质"选项，再在"模糊工具"和"效果"面板中设置参数以获得光斑效果，参数设置完成后，按Enter键应用滤镜。

选择"图像"－"调整"－"亮度/对比度"命令，在弹出的对话框中设置参数，以增强照片的亮度及对比。

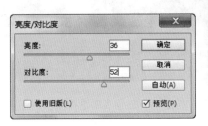

7.5　抠选大树并合成视觉图像

扫码观看视频

由于树木边缘不规则，将其抠选出来显得较困难，但我们可以利用Photoshop中的"计算"命令混合两个来自一个或两个源图像的单个通道，然后将结果应用到新图像、新通道或现用图像的选区，为用户创建多样化的复杂的通道提供了便利。本例就将介绍如何通过"计算"命令，来抠选一棵大树，并进行创意合成。

调修步骤

打开素材文件"第7章\7.5-素材.jpg"。

在"通道"面板中，观察红、绿、蓝3个通道，其中"蓝"通道的大树与周围图像的对比最佳，在下面应用"计算"命令时，将优先选中该通道进行计算。

在"混合"下拉列表中选择"亮光"选项，此时的预览效果如下图所示。

选择"图像"-"计算"命令，在弹出的对话框中设置"源1"和"源2"中的通道均为"蓝"，此时的预览效果如下图所示。

当前预览效果的白色过于强烈，因此将"不透明度"参数改为50%，以稍微弱化计算的强度，此时的预览效果如下图所示。

选中"源1"和"源2"区域中的"反相"选项，使大树变为白色，以便于继续下面的处理，此时的预览效果如下图所示。

此时，地面以上的大树已经全部选中，与地面重合的区域较为简单，不必强求通过"计算"命令进行选择，因此，确认得到满意的选择结果后，"计算"对话框如下图所示，单击"确定"按钮退出对话框即可。

设置前景色为黑色，选择画笔工具 ✎ 并设置适当的画笔大小，将天空、地面和人物等多余图像全部涂黑，如下图所示。

按Ctrl键并单击Alpha 1的缩览图以载入其选区，单击RGB通道以返回图像编辑状态，然后使用磁性套索工具 ⚲ 沿着大树的底部绘制选区，以将其完全选中，如下图所示。

按Ctrl+J组合键将选区中的图像复制到新图层中，得到"图层1"，隐藏"背景"图层后的效果如下图所示。

下面来修复左侧从大树后面透过的太阳。选择仿制图章工具 ⬒ 并设置适当的画笔大小，在太阳边缘按住Alt键单击以定义源图像，然后在太阳处涂抹以将其填补起来，如下图所示。

下图所示是将抠出的大树应用于创意合成作品后的效果。

7.6 创意悬浮人像合成处理

扫码观看视频

案例概述

合成创意悬浮人像不是一个单纯的后期处理案例，它需要在前期拍摄时就对整体的构成做一个大致的规划。其中，一张空白的场景照片是必不可少的，然后再由悬浮的主题和表现形式安排模特摆出相应的造型进行拍摄，此时要尽可能避免支撑物与模特之间的重叠，如头发、衣服等，以便于后期进行合成处理。

调修步骤

步骤 01 拼合人物与场景图

　　打开素材"第7章\7.6-素材1.jpg"，该素材是空白的场景图。

　　打开素材"第7章\7.6-素材2.jpg"，使用移动工具 ，将其拖至场景图中，得到"图层1"，并适当调整其位置，使该照片与场景图中的物体大致对齐。

设置为50%左右。

步骤 02 选中人物

　　选择磁性套索工具 ，并在其工具选项栏上设置适当的参数。

　　使用磁性套索工具 ，沿着人物身体边缘绘制选区，以将其选中。

为便于对齐，可以暂时将"图层1"的不透明度

该选区主要是用于将支撑人物的凳子、塑料桶

等元素修除，因此对于人物手部及头发位置，不需要很精确的选择。

要注意的是，此处的选区会在后面多次用到，因此可以在"通道"面板中单击将选区保存为通道按钮 🔳，得到"Alpha 1"通道。

步骤 03　隐藏多余的元素

在创建好选区后，下面来隐藏凳子及塑料桶等多余元素。首先，我们需要添加空白的图层蒙版，但由于当前存在选区，所以需要先将其取消。

按Ctrl+D组合键取消选区，单击添加图层蒙版按钮 🔳 为"图层1"添加图层蒙版。

按Ctrl+Shift+D组合键重新载入刚刚取消的选区，选择"图层1"的图层蒙版，设置前景色为黑色，选择画笔工具 ✏ 并设置适当的画笔大小等参数，在多余的图像上进行涂抹以将其隐藏，然后按Ctrl+D组合键取消选区即可。

按住Alt键并单击"图层1"的图层蒙版可以查看其中的状态。

步骤 04　修饰细节

通过上面的处理后，仔细观察人物身体的边缘，可以看到人物脚部附近的边缘选择的并不太好，因此存在一定的杂边，下面来对其进行修饰。

选择"图层1"的图层蒙版，设置前景色为黑色，选择画笔工具 ✏ 并设置适当的画笔大小等参数，在边缘的锯齿上进行涂抹，直至将多余图像隐藏、且边缘变得平滑为止。

按住Alt键并单击"图层1"的图层蒙版可以查看其中的状态。

除了人物的身体边缘外，仔细观察上面的脚板处，可以看出这里的线条比较怪异，下面来对其进行适当的修复处理。

新建得到"图层2"，选择仿制图章工具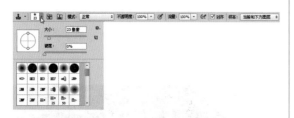并在其工具选项栏上设置适当的参数。

按住Alt键并使用仿制图章工具![]在要修除的图像附近单击以定义源图像，然后释放Alt键。

使用仿制图章工具![]在人物的脚底部涂抹，以将此处的线条处理平滑。

新建得到"图层3"，按照上述方法，继续对凳子腿部的图像、头发及台灯下方的亮点进行修复处理。

步骤 05 **裁剪画面**

通过前面的处理，我们已经基本确定好人物的基本位置，并顺带处理了相关的细节，此时画面整体的构图已经基本确定，此时照片周围的环境元素显得过多，如桌子、墙上的管子等，画面显得很杂乱。下面将通过裁剪去掉周围的部分环境，让画面更简洁，主体更突出。

选择裁剪工具![]并以默认的参数进行设置，然后在照片中拖动裁剪框，以确定要保留的范围。

确认调整好裁剪范围后按Enter键确认变换即可。

步骤 06　合成烟雾

在拍摄此组照片时，摄影师为了突出画面的梦幻感觉，专门加入了一些烟雾，但在已经使用的两幅素材照片中，并没有很好的体现这一点，因此下面将另外一幅烟雾拍摄得比较好的照片合成进来。

打开素材"第7章\7.6-素材3.jpg"，使用移动工具 将其拖至场景图中，得到"图层4"，并按照第1步的方法适当调整其位置，使该照片与场景图中的人物大致对齐。

按住Alt键并单击添加图层蒙版按钮 为"图层4"添加图层蒙版，从而将当前图层中的图像隐藏起来，然后在"通道"面板中，按住Ctrl键并单击"Alpha 1"通道的缩览图以载入其选区，并按Ctrl+Shift+I组合键执行"反向"操作。

设置前景色为白色，选择画笔工具 并设置适当的画笔大小及不透明度，在人物左上方区域进行涂抹，以显示该区域的烟雾图像。

按住Alt键并单击"图层4"的图层蒙版可以查看其中的状态。

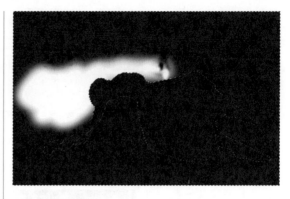

当前只是初步完成了显示烟雾的处理，后面还需要继续进行处理，尤其是上方的窗户处，有很多地方都是错落的，需要让它们对齐。本例将直接使用"图层4"中的窗口图像，此时就不需要选区存在了，但此时要注意不要破坏现有的烟雾效果，并保证各部分图像之间能够自然的衔接在一起。

按Ctrl+D组合键取消选区，选中"图层4"的图层蒙版并继续在其中进行涂抹，以完善各部分的细节。

按住Alt键并单击"图层4"的图层蒙版可以查看其中的状态。

步骤 07 修饰细节

至此，画面中的主体图像都已经合成完毕，但还有一些细节需要完善，下面就来对它们进行具体的处理。

按照步骤04的方法，分别新建3个图层，得到图层5~图层7，分别针对左侧手臂上方、人物头发及窗户上的图像进行修饰。

步骤 08 整体调色

至此，照片中关于图像合成的部分已经完成，但照片整体在曝光和色彩方面还有所欠缺，下面就来对整体进行适当的调整。首先，来对整体的亮度与对比度做调整。

单击创建新的填充或调整图层按钮 ，在弹出的菜单中选择"曲线"命令，得到图层"曲线1"，在"属性"面板中设置其参数，以调整图像的颜色及亮度。

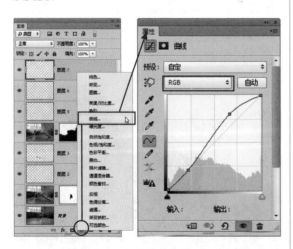

在本例中，希望将照片的色彩调整得偏紫一些，这样整体的梦幻感会更强烈一些。下面就来适当增强照片中的紫色。

单击创建新的填充或调整图层按钮 ，在弹出的菜单中选择"色彩平衡"命令，得到图层"色彩平衡1"，在"属性"面板中设置其参数，以增强照片中的紫色。

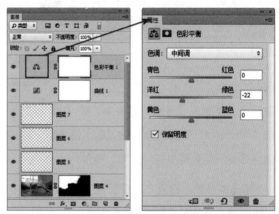

步骤 09 调整沙发的颜色

在对照片整体进行色彩调整后，照片中的沙发显得色彩较为平滑，下面来专门对其进行调色处理。

使用磁性套索工具 ▨ 沿着照片中沙发的边缘绘制选区，以将沙发选中。

单击创建新的填充或调整图层按钮 ◐ ，在弹出的菜单中选择"色彩平衡"命令，得到图层"色彩平衡2"，在"属性"面板中设置参数，以调整沙发的颜色。

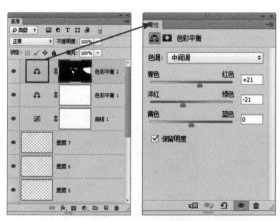

此时，沙发的颜色还不够突出，但首先要解决的问题是，在刚刚选择沙发边缘时，有一小部分是靠近人物头发的，这一部分的调整范围并不精确，因此首先来调整一下在头发间显示的沙发。

选择"色彩平衡2"的图层蒙版，设置前景色为白色，然后在人物头发间的沙发上进行涂抹，以显示对这部分图像的色彩调整。下图所示是涂抹前后的效果对比。

按住Alt键并单击"色彩平衡2"的图层蒙版可以查看其中的状态。

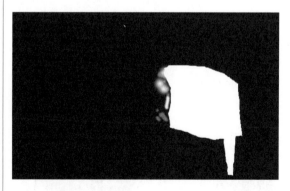

在调整好图层蒙版的范围后，下面来继续调整沙发的色彩。

按Ctrl键单击"色彩平衡2"的图层蒙版，以载入其选区。

单击创建新的填充或调整图层按钮 ◐ ，在弹出的菜单中选择"曲线"命令，得到图层"曲线2"，在"属性"面板中设置其参数，以调整沙发的颜色及亮度。

选择"图层"面板顶部的图层，按Ctrl＋Alt＋Shift＋E组合键执行"盖印"操作，从而将当前所有的可见图像合并至新图层中，得到"图层8"。

选择"滤镜"－"其它"－"高反差保留"命令，在弹出的对话框中设置"半径"数值为4.9，单击"确定"按钮退出对话框即可。

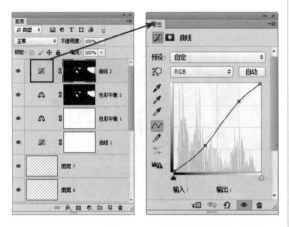

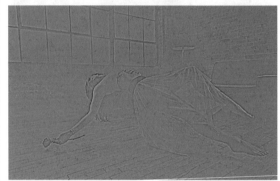

设置"图层8"的混合模式为"柔光"，不透明度为60%，以增强照片的立体感及细节。

步骤10 增强照片立体感与细节

至此，照片的合成及润饰处理已经完成，最后，我们再为照片整体做一下锐化处理，以提高照片中各元素的立体感及细节。

7.7 模拟多重曝光创意摄影

扫码观看视频

案例概述

多重曝光是一种特殊的拍摄手法，其原理是通过连续拍摄多张照片，并由相机自动进行运算，将拍摄的多张照片融合为一张，根据拍摄期间对对焦、曝光、焦距、拍摄对象等因素的变化，实现多样化的蒙太奇影像。当然，现今的数码处理技术非常强大，也非常普及，在电脑上可以更轻易、便捷的实现多重曝光效果。

调修步骤

步骤 01　初步融合两幅照片

打开素材"第7章\7.7-素材1.jpg"。

打开素材"第7章\7.7-素材2.jpg"，使用移动工具 ，将其拖至打开的素材图片中，同时得到"图层1"。

"图层1"中的图像比背景要大，因此首先要将其缩小。

选择"图层1"并按Ctrl+T组合键调出自由变换控制框，按住Alt+Shift组合键向中心拖动右上角的控制句柄，以将其缩小至与画幅基本相同即可。

按Enter键确认变换操作。

设置"图层1"的混合模式为"滤色"，使其中的图像与下方图像进行混合。

步骤 02　调整照片为单色

通过上一步的混合，我们已经基本制作出了多重曝光的效果。在本例中，我们是要将整体调整为单色效果，因此在得到基本的效果后，继续来对整体的色彩进行调整。

单击"图层"面板中的创建新的填充或调整图层按钮 ，在弹出的菜单中选择"黑白"命令，在接下来弹出的"属性"面板中设置其该命令的参数。

在"属性"面板中调整好参数后，即可将照片处理为灰度效果，并创建得到一个对应的调整图层"黑白1"。

在需要时，可以双击调整图层"黑白1"的缩览图，在弹出的"属性"面板中继续调整参数。在后面的操作中，我们将继续使用其他的调整图层进行调整处理。

按照上述方法，再创建"色阶"调整图层，在弹出的"属性"面板中设置参数，以调整整体的亮度与对比度，同时创建得到调整图层"色阶1"。

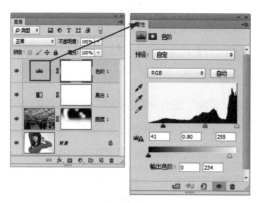

按照上述方法，再创建"色彩平衡"调整图层，分别选择"阴影"和"中间调"选项并设置参数，从而为照片叠加一定的色彩，同时得到调整图层"色彩平衡1"。

步骤 03 隐藏多余图像

图像整体的色调已经基本调整完成，下面来针对人像进行调整，隐藏其上方的错杂的图像。

选择"图层1"，单击"图层"面板底部的添加图层蒙版按钮 ▣ 为其添加图层蒙版。

选择画笔工具 ✎，在图像中单击鼠标右键，在弹出的菜单中选择设置画笔的大小及硬度，也可以在工具选项栏中进行设置。

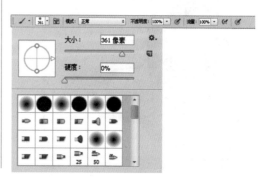

选中"图层1"的图层蒙版，按D键恢复默认的前景色与背景色，再按X键交换前景色与背景色，使前景色变为黑色，然后在人物以外的区域进行涂抹，以将其隐藏。

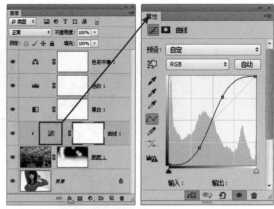

按住Alt键并单击"曲线1"的图层蒙版可进入其编辑状态，再次按Alt键并单击可退出。

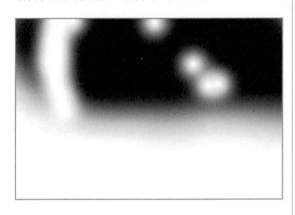

步骤 04 合成其他图像

下面来加入并处理另外两幅图像，以丰富照片上半部分的细节。

打开素材"第7章\7.7-素材3.jpg"和"第7章\7.7-素材4.jpg"。

按照前面讲解的方法，将这两张素材照片移至多重曝光图像文件中，并置于"曲线1"的上方，然后结合"滤色"混合模式、图层蒙版，对图像进行融合处理即可。

下面继续调整"图层1"中图像的亮度，使之与人物融合的更好。

单击创建新的填充或调整图层按钮 ⬛，在弹出的菜单中选择"曲线"命令，得到图层"曲线1"，按Ctrl＋Alt＋G组合键创建剪贴蒙版，从而将调整范围限制到下面的图层中，然后在"属性"面板中设置其参数，以调整图像的颜色及亮度。

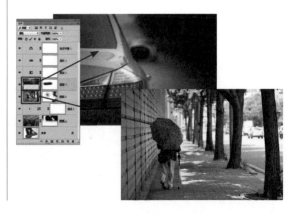

很多摄影爱好者经常会问："多重曝光是由相机生成的好，还是由软件合成的好？"

对于这两种不同的制作方式，很难对比出二者的好或不好。

例如，有些摄影爱好者认为加入了后期处理后，摄影就变得"不纯粹"了；而另一些人则更注重摄影的结果。在数码时代，摄影师能够随意将不同时间、空间的照片通过软件进行天马行空的合成，形成独特、富有创意的作品。

相机内置的多重曝光功能只需设置简单的几个参数即可开始拍摄，但难点在于，在拍摄前需要摄影师有很高的预判能力，这其中包括构图、曝光、色彩及对焦等诸多因素。如果是使用软件进行合成，则几乎可以对照片做任意的合成处理，但难点在于，一个好的后期合成的多重曝光作品，涉及的软件技术较多，需要摄影师熟悉软件的功能，才能随心所欲地进行各种创意合成。

第8章

用 Adobe Camera Raw
调整照片

8.1 利用RAW照片宽容度巧妙曝光与色彩

扫码观看视频

案例概述

对数码相机来说，拍摄出的照片往往有些偏灰，主要表现就是对比度和色彩饱和度，而且由于季节或相机参数设置的原因，景物的色彩往往不够正常，最典型的例子莫过于草地的色彩偏黄，没有生机，又或者天空的颜色不够蓝等。

调修步骤

步骤 01 调整照片基本属性

打开素材"第8章\8.1-素材.NEF"，以启动Adobe Camera Raw软件。

由于当前照片较为灰暗，因此在使用优化校准参数进行有针对性的处理前，首先来对其曝光、色彩及对比度等基本属性进行一定的优化处理。

选择"基本"选项卡，分别拖动各个滑块，直至得到较好的曝光及色彩效果。

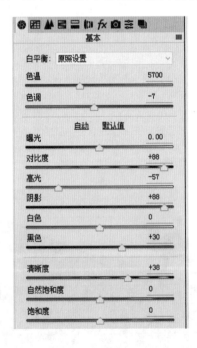

步骤 02 **使用优化校准参数进行调整**

选择"相机校准"选项卡，在"名称"下拉列表中选择Camera Landscape v4选项，为照片应用适合风景照片的校准预设。

根据不同的Camera Raw软件版本和拍摄相机的差异，"名称"下拉列表中的预设数量和项目会有所差异，用户在实际使用时，建议将Camera Raw更新至最新的版本，多尝试不同的预设，并从中选择一个效果最佳的。例如，在上图所示的下拉列表中，存在Camera Landscape和Camera Landscape v4两个选项，笔者在选择了这两个预设之后，认为Camera Landscape v4的效果更佳，因此决定使用这个预设。

在下面的"绿原色"区域中，拖动各个滑块调整照片中绿色的色彩。

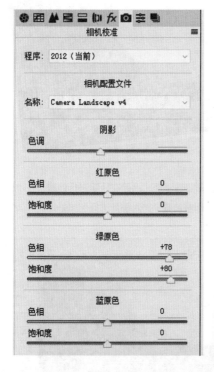 

按照上面的方法，再分别调整"阴影"与"蓝原色"的参数，从而进一步优化照片中的色彩。

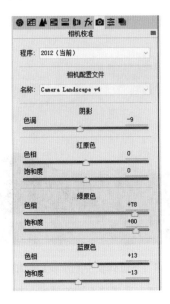

8.2 用相机校准功能改变照片优化校准效果

扫码观看视频

案例概述

在使用相机拍摄时，如果使用了RAW格式，一般不会对照片风格、色彩等做调整，而是在后期进行处理。在本例中，将主要介绍使用Adobe Camera Raw提供的相机校准预设及相关的颜色调整参数，来对照片进行优化处理。

调修步骤

在Photoshop中打开素材"第8章\8.2-素材.CR2"，以启动Adobe Camera Raw软件。

首先，我们来增强照片整体的立体感。在"基本"选项卡中，向右侧拖动"清晰度"滑块，以提高其立体感，如左图所示，得到如右图所示的效果。

下面来使用相机校准功能对照片进行色彩调整。首先，切换至"相机校准"选项卡，在"名称"下拉列表中选择一个适合风光照片的预设，如左图所示，得到如右图所示的效果。

下面来提高照片中绿色的饱和度，如左图所示，得到如右图所示的效果。

下面来继续对蓝色进行调整，如下左图所示，得到如右图所示的效果。

此时，照片主色调有些偏紫，下面来拖动"红原色"区域中的滑块，以解决该问题，如下左图所示，同时还提高了红色的饱和度，得到如下右图所示的效果。

在完成色彩的调整后，下面切换至"基本"选项卡，在其中调整一下曝光相关的参数，如下左图所示，得到如下右图所示的效果。

8.3　使用HSL与调整曲线优化平淡的照片色彩

扫码观看视频

在拍摄户外照片时，最常见的问题就是由于白平衡设置、环境影响或景物本身等方面原因，导致照片中的色彩较为平淡，影响整体的视觉表现，当然，同时也可能伴随一些曝光方面的问题。本例就来讲解使用Adobe Camera Raw软件对其进行校正的方法。

调修步骤

步骤 01　设置相机校准

打开素材"第8章\8.3-素材.DNG"，以启动Adobe Camera Raw软件。

在对照片进行调色处理前，首先来为其指定一个适合当前照片的相机校准，这样可以帮助我们快速对照片进行一定的色彩优化，并且会影响到后面的调整结果。

选择"相机校准"选项卡，在其中选择Camera Landscape预设。

相机校准预设是Camera Raw针对不同类型照片而提供的内部色彩优化方案，它不会对其他选项卡中的参数有影响。通常来说，根据照片类型选择相应的预设往往会得到较好的效果。在相同的调整参数下，选择不同的预设时，得到的效果会有较大的差异。在实际使用时，可尝试选择不同的预设，以期得到最好的结果。

步骤 02　调整照片曝光

当前照片的高光和暗部存在曝光过度和曝光不足的问题，但不是很严重，下面来对其进行简单初步的校正处理。

选择"基本"选项卡，在右侧参数区的中间部分调整各个参数，以改善照片的曝光与对比。

步骤 03 **强化照片立体感**

上一步调整曝光后，照片的对比度变得较弱，立体感也变差了，但由于在调整立体感的同时，对比度也会随之发生变化，因此下面先对照片进行强化立体感的处理。

选择"基本"选项卡，在右侧参数区的底部提高"清晰度"参数，以提高照片的立体感与细节。

选择"效果"选项卡并向右拖动"去除薄雾"下方的"数量"滑块，以增强画面的通透感。

通过上面的处理后，照片中的图像不仅拥有更好的立体感，且由于设置了较高的"去除薄雾"数量值，照片的对比度也进一步提高了。对本例来说，当前的对比度已经足够，故不再继续调整。读者在处理时，如果觉得对比度仍然不足，可以在"基本"选项卡中适当提高"对比度"的数值，也可通过"色调曲线"选项卡中的参数进行调整。

步骤 04 **美化照片色彩**

通过前面一系列的调整，已经基本完成了在调色之前的必要处理，下面就来对照片进行色彩调整。

选择"色调曲线"选项卡中的"点"子选项卡，并在"通道"下拉列表中选择"蓝色"选项，然后在调节线上按住鼠标左键拖动，以添加节点并调整其颜色。

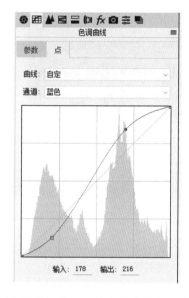

通过上面的调整，照片中的蓝紫色调被进一步增强了，下面来对照片各部分的色彩分别进行适当的优化处理。

在"HSL/灰度"选项卡中，选择"色相"子选项卡，并在其中设置适当的参数，以改变照片中相应的颜色，直至得到满意的效果。

在"HSL/灰度"选项卡中，选择"饱和度"子选项卡，并在其中设置适当的参数，以提高相应色彩的饱和度，直至得到满意的效果。

　　此处提高饱和度的处理，如果希望简单、快速的进行调整，也可以在"基本"选项卡中调整"自然饱和度"和"饱和度"参数，但这样是对整体进行调整的，可能会出现部分颜色过度饱和的问题，而本步所使用的方法，是分别针对不同的色彩进行提高饱和度处理，因此更能够精确拿捏调整的尺度，读者在实际处理时，可根据情况需要选择恰当的方法。

步骤05 **压暗远处的大山**

　　调整后的大山显得有些过亮，这主要是由于前面对暗部做过大幅的调亮处理所造成的，为了让其与天空形成较鲜明的对比，下面来对大山进行适当的压暗处理。

　　选择调整画笔工具 ✐ 并在右侧设置的画笔大小等参数。

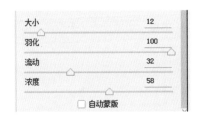

　　使用调整画笔工具 ✐ 在大山上涂抹以确定调整的范围，然后在右侧设置适当的参数，直至得到满意的调整结果。

提示：在未选中当前画笔标记时，将光标置于画笔标记上，可显示当前的调整范围，若对此范围不满意，可以按住Alt键进行涂抹，以减小调整范围。

8.4　用渐变滤镜功能改善天空的曝光与色彩

扫码观看视频

案例概述

在晴朗的天气下拍摄风景照片时，最容易出现的问题就是天空较亮、地面相对较暗，因此往往无法兼顾二者的曝光。比较常见的做法是以天空曝光为准进行拍摄，此时天空曝光正常，而地面会曝光不足，这样做的好处在于，曝光不足比曝光过度更容易校正，然后通过后期处理调整地面的曝光即可。

调修步骤

步骤 01　调整整体曝光

打开素材"第8章\8.4-素材.CR2"，以启动Adobe Camera Raw软件。

本例的素材是典型的风光照片，在调色前，可以先设置针对此类照片的相机校准预设，使整体的色调更符合当前的照片。但由于照片存在较严重的曝光不足问题，设置相机校准的效果难以观察，因此下面先对曝光进行适当调整。

在右侧参数区的中间部分，分别拖动各个滑块，以调整照片的曝光。

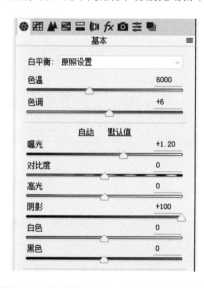

当前画面显得较为平淡，下面就来对其进行处理，使画面显得更加通透、立体。

选择"效果"选项卡并向右拖动"去除薄雾"下方的数量滑块，以增强画面的通透感和对比度。

步骤 02 **调整整体色彩**

至此，照片基本的曝光已经调整好，下面再来设置相机校准，以针对当前的风光照片优化其色彩。

选择"相机校准"选项卡，在其中选择Camera Landscape预设。

选择"基本"选项卡，在右侧参数区的底部分别拖动各个滑块，以提高照片色彩的饱和度。

步骤 03 **使用渐变滤镜工具优化天空**

至此，照片的基本曝光与色彩已经调整完毕，此时天空还是显得较为平淡，缺少过渡，下面就来解决此问题。

使用渐变滤镜工具 ，按住Shift键，从天空偏上的位置向下绘制一个垂直渐变，并在右侧面板中设置参数，使天空变为有过滤的蓝色。

设置完成后，选择任意一个工具即可隐藏渐变滤镜框。

步骤 04　消除暗角

通过前面的调整，尤其是使用渐变滤镜工具 调整天空后，照片的暗角问题变得较为严重，下面就来对其进行消除处理。

选择"镜头校正"选项卡，并适当设置"晕影"区域中的参数，直至将暗角消除为止。

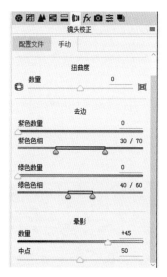

关于暗角，每个人的喜好都不同。有些人认为，暗角能够起到凸显主体、增强画面氛围的效果，而有些人认为影响画面的观看效果，因此是否消除暗角，可以因人而异。不过并不是所有的画面加上暗角都是好看的，在本例中，画面的色彩明快，并且是斜线构图的形式，有画面延伸的效果，如果保留暗角，则会减弱该效果的表现，因此笔者建议消除暗角。

8.5 通过调整色温、曝光及色彩制作典雅古画效果

扫码观看视频

案例概述

在逆光条件下，摄影师常常会通过拍摄剪影的方式表现对象的形态美，但如果光线很弱又不能使用闪光灯，得到的照片会显得非常昏暗、缺少美感。此时也不要觉得这是一张"废片"，充分利用RAW格式照片的宽容度及恰当地调整，可以将其制作为非常漂亮的、类似单色古画的效果。以本例的照片来说，由于在拍摄时构图较为匆忙（主要是害怕鸟儿会随时飞走），因此画面的构图并不太好。我们首先需要对整体的构图进行一定的简化处理，然后为灰暗照片叠加色彩，以初步获得单色古画效果；此后，还要将其保存为JPG格式，并在Photoshop中修除多余树枝，并添加印章和文字等装饰内容即可。

调修步骤

步骤 01　**裁剪画面**

打开素材"第8章\8.5-素材1.CR2"，以启动Adobe Camera Raw软件。

当前的照片虽然非常灰暗，但足以让我们区分画面的主体与细节，而且画面的周围存在较多的树枝，会在很大程度上影响视觉焦点和主体的表现，因此下面首先来对照片进行二次构图处理。

在顶部工具栏中选择裁剪工具📷，在左上方的位置绘制裁剪框，并拖动周围的控制句柄，直至得到满意的构图结果。

按Enter键或选择其他任意工具即可应用当前的裁剪结果。

观察裁剪后的结果可以看出，照片周围尤其是左下方的树枝处，仍然存在一定的多余元素，使画面看起来较为杂乱，这在Camera Raw软件中较为难以修除，因此这些问题会在将其他调整工作完成后，转至Photoshop中进行处理。

步骤 02　调整曝光并叠加颜色

当前照片非常的灰暗，存在严重的曝光不足问题，因此下面先对照片的曝光进行适当的调整处理。要注意的是，本例是要将背景中灰暗的天空处理为古画的泛黄效果，因此在此调整过程中，背景的亮度不宜过高。如果在后面调整色彩时发现亮度过高，可按照本步骤的方法，适当降低亮度即可。

在"基本"选项卡中，向右侧拖动"曝光"滑块，直至得到满意的曝光结果。

在基本调整好照片的曝光后，下面来为其叠加颜色，实际上就是通过设置色温数值得调整画面的颜色。值得一提的是，Camera Raw软件提供的色温调整范围比普通的数码相机要广，因而才能调整得到较好的色彩效果。

在"基本"选项卡中，适当调整"色温"和"色调"参数，直至得到满意的色彩效果。

通过上一步为照片叠加颜色后，照片的基本效果已经确定，但整体仍然显得较为灰暗，下面就来解决这个问题。

选择"基本"选项卡，在拖动其中间区域的各个参数滑块，以调整照片的对比度、高光及阴影等细节，从而进一步改善照片的曝光。

至此，照片的古画效果已经基本成型，但左上方和左下方仍然存在一定的暗角问题，此处无法通过"镜头校正"选项卡或"效果"选项卡中的相关参数进行处理，因为这只是画面局部的暗角，因此下面将使用调整画笔工具 解决此问题。

选择调整画笔工具 ，并在右侧底部设置画笔的基本属性。

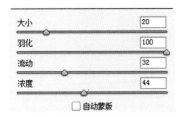

使用调整画笔工具 在照片左上角和左下角的暗角处进行适当的涂抹，此时会生成相应的画笔标记，然后在右侧设置适当的参数，从而消除此处的暗角问题。

调整完成后，选择其他任意工具即可隐藏画笔标记。

步骤 04 将照片转换为JPG格式

在本例步骤01中已经提到过，当前照片在裁剪后仍然存在一些多余的杂乱元素，这些需要在Photoshop中进行处理，因此首先要将当前的RAW格式照片转换为JPG格式再进行处理。当然，Camera Raw软件支持导出多种图片格式，如DNG、TIFF和PSD格式等，这里只是以最常用的JPG格式为例进行讲解，读者可以根据实际需要选择需要转换的格式。

单击Camera Raw软件左下角的"存储图像"按钮，在弹出的对话框中适当设置输出参数。

本例是将导出的尺寸限制为2000×2000像素，也就是说，导出的照片最大宽度或最大高度不会大于2000像素，而不是指导出为2000×2000像素尺寸的照片，导出的照片将是与原照片等比例的。

设置完成后，单击"存储"按钮即可在与当前RAW格式照片相同的文件夹下生成一个同名的JPG格式照片。

提示：如果导出的JPG格式照片有重名，软件会自动进行重命名，不会覆盖同名的文件。

步骤05 **修除多余的树枝**

在Photoshop中打开上一步导出的JPG格式照片，新建得到"图层1"，然后选择画笔工具 并在其工具选项栏上设置适当的参数。

按住Alt键并使用画笔工具 在要修除的树枝附近单击，以吸取颜色，然后在要修除的树枝上涂抹即可，直至将所有多余的树枝修除。

在本例中，由于背景的颜色较为单一，所以才使用画笔工具 进行吸取颜色并涂抹，如果是背景较为复杂的照片，则应该使用仿制图章工具 进行修除处理。

下方右图所示是单击显示"图层1"时的状态。

步骤06 **添加文字与印章**

至此，已经基本完成了将灰暗照片处理为古画效果的操作，为了增加画面的氛围，下面来为其增加一些文字和印章。

打开素材"第8章\8.5-素材2.psd"。

使用移动工具 将其拖至前面制作的古画效果文件中，然后适当调整其位置即可。

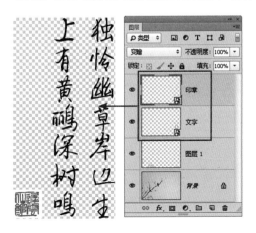

8.6 用Camera Raw合成出亮部与暗部细节都丰富的HDR照片

扫码观看视频

案例概述

HDR是近年来一种极为流行的摄影表现手法，或者更准确地说，它是一种后期照片处理技术，而所谓的HDR英文全称为 High-Dynamic Range，指"高动态范围"，简单来说，就是让照片无论高光还是阴影部分都能够显示出充分的细节。本例就来讲解HDR照片的合成方法。

调修步骤

步骤 01 合并HDR照片

在Photoshop中按Ctrl+O组合键，在弹出的对话框中打开"第8章\8.6-素材"文件夹内的照片，此时将在Adobe Camera Raw中打开这3张素材照片。

在经过一定的处理过程后，将显示"HDR合并预览"对话框，通常情况下，以默认参数进行处理即可。

在左侧面板中选中任意一张照片，按Ctrl+A组合键选中所有的照片。按Alt+M组合键或单击列表右上角的菜单按钮 ，在弹出的菜单中选择"合并到HDR"命令。

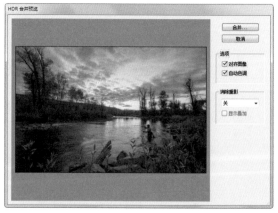

单击"合并"按钮，在弹出的对话框中选择文件保存的位置，并以默认的DNG格式进行保存，保存后的文件会与之前的素材一起，显示在左侧的面板中。

步骤 02 **调整整体曝光及色彩**

在初步完成HDR合成后，照片整体的曝光还有些偏亮，自然也不够浓郁，因此下面来对照片整体进行一定的校正处理。

选择"基本"选项卡，并适当编辑"曝光""清晰度"及"自然饱和度"数值，直至得到满意的效果。

步骤 03 **调整天空**

在初步完成HDR合成后，下面可以像对普通的RAW格式照片一样，在Adobe Camera Raw中继续进行处理。在本例中，合成后的HDR照片的天空还显得不够浓郁，因此下面先来对其曝光进行处理。

选择渐变滤镜工具，按住Shift键从上至中间绘制一个渐变，并在右侧面板设置其参数，以调整天空的曝光及色彩。

步骤 04 调整整体的色彩

下面来对照片整体的色彩进行一定的润饰处理。首先，主要是让照片整体的蓝紫色调更强烈一些。

选择"HSL/灰度"选项卡中的"色相"子选项卡，并分别拖动其中的滑块，初步改变以天空为主的色彩。

在"HSL/灰度"选项卡中再选择"饱和度"子选项卡，分别拖动其中的滑块，以提高色彩的饱和度，让照片整体的色彩更加浓郁。

至此，我们已经基本完成了HDR照片的合成与润饰，用户可以在此基础上，将其转换为JPG格式，并在Photoshop中做进一步的润饰，如修除画面左下角多余的植物、对整体进行锐化处理等，这些处理较为简单，且不是本例的讲解重点，故不再详细说明。

第9章

人像照片修饰与处理

9.1 修饰与加深眉毛

扫码观看视频

案例概述

在拍摄人像时，可能是化妆、光线照射，或者模特自身的原因，照片中的眉毛显得较淡，影响人物的美感。本例将通过简单的调整，对人物的眉毛进行加深处理。

调修步骤

步骤 01 加深眉毛

打开素材"第9章\9.1-素材.jpg"。

下面将利用"曲线"调整图层对眉毛进行加深处理。

单击创建新的填充或调整图层按钮 ◐.，在弹出的菜单中选择"曲线"命令，得到图层"曲线1"，在"属性"面板中设置其参数，以调整图像的颜色及亮度。

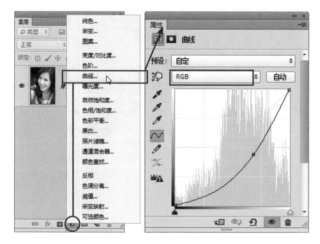

此时，照片整体的亮度会被压暗，所以下面将利用图层蒙版限制"曲线"调整图层的调整范围，也就是让该调整图层只对人物的眉毛进行处理。

选择"曲线1"的图层蒙版，按Ctrl+I组合键执行"反相"操作，从而将其处理为黑色。

由于当前需要调整的眉毛只占照片很小的一部分，为了便于编辑，所以才将蒙版先反相为黑色，然后再在眉毛区域涂抹白色，这样可以减少涂抹的工作量，进而提高工作效率。

选择画笔工具 ✐并在其工具选项栏中设置适当的参数。

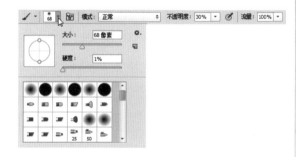

使用画笔工具 ✐在人物眉毛上反复涂抹，直至得到满意的效果。

按住Alt键并单击"曲线1"的图层蒙版可以查看其中的状态。

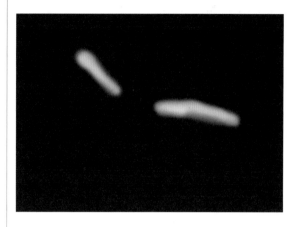

步骤 02 调整眉毛颜色

在加深眉毛的同时，其色彩也显得更浓了，对当前照片来说显得很不自然，因此下面再来对其色彩进行修饰。

单击创建新的填充或调整图层按钮 ◐，在弹出的菜单中选择"色相/饱和度"命令，得到图层"色相/饱和度1"。

由于我们只需要对眉毛的色彩进行调整，因此在调整前，先将之前涂抹好的图层蒙版复制到当前的调整图层中。

按住Alt键，将"曲线1"的图层蒙版拖动至"色相/饱和度1"上，在弹出的对话框中单击"是"按钮即可。

选择"色相/饱和度1"的图层缩览图，然后在"属性"面板中设置其参数，从而将眉毛的色彩调整至正常状态。

　　Photoshop提供了专门对图像进行调暗处理的加深工具，对本例来说似乎是一个不错的选择。但实际上，加深工具在加深眉毛的过程中，需要进行多次涂抹，而且容易在涂抹过程中涂到眉毛以外的区域。另外，该工具无法进行反复的调整，例如，若眉毛调整得过暗，只能通过撤销的方式进行恢复。在实际工作过程中，往往不会当时就觉得处理过度，可能过几天再看的时候，才会觉得存在调整过度（或调整不足）的问题，此时文件已经关闭，历史记录也被清除，无法执行撤销操作，只能重新进行处理。

　　而本例讲解的方法，虽然使用了调整图层、绘图及图层蒙版等功能，看起来较为复杂，实际上这些都是照片处理中较为常用和基础的功能，熟练掌握以后，操作起来是非常简单的，而且以后觉得照片效果不满意时，只需要适当修改调整图层的参数或对图层蒙版进行适当编辑即可，不用重新处理一遍，这也是本例使用上述功能进行处理，而没有使用加深工具这种看起来简单的功能的原因，读者可以在实际处理时仔细体会这一点。

9.2　专业牙齿美白术

扫码观看视频

案例概述

在拍摄人像时，可能会由于人物自身或环境影响等因素，导致人物的牙齿不够洁白，影响画面的美感，本例就来讲解对牙齿进行专业美白的处理方法。

调修步骤

步骤 01　选中牙齿

打开素材"第9章\9.2-素材.jpg"。

要对牙齿进行美白处理，首先要准确地将其选中。通常来说，牙齿和嘴唇之间的色彩差异都是比较大的，因此可以利用以色彩对比为主进行选择的工具，将牙齿抠选出来，例如在本例中，使用的是快速选择工具 。

使用快速选择工具 在牙齿区域拖动，以将其选中。

步骤 02　美白牙齿

在选中牙齿后，就可以对其进行美白处理了。较为常见的问题是牙齿偏黄，但要注意的是，美白并不等同于去除牙齿的饱和度，而是降低其大部分饱和度，然后再加上适当的提亮处理，使牙齿呈现出自然的乳白色效果。在本例中，将使用"色相/饱和度"命令进行调整。

单击创建新的填充或调整图层按钮 ，在弹出的菜单中选择"色相/饱和度"命令，得到图层"色相/饱和度1"，在"属性"面板中设置其参数，以校正牙齿的颜色。

在本例的照片中，仅仅对"黄色"进行提亮处理就已经得到了很好的校正效果。而读者在实际处理时，若无法得到满意的效果，可以适当降低其中的"饱和度"数值，或者对与黄色较相近的红色进行适当的提亮与降低饱和度等处理，直至得到满意的效果。

步骤 03　调整牙齿的对比度

通过上一步的调整，已经基本完成校正牙齿颜色的处理，但调整后的牙齿看起来有些灰暗，因此下面来增强一下其对比度。由于本次的调整还是针对牙齿进行处理，需要相应的选区以限制调整范围，此时可以直接调出"色相/饱和度1"调整图层的图层蒙版中的选区，以进行快速处理。

按住Ctrl键并单击"色相/饱和度1"蒙版缩览图以载入其选区。

单击创建新的填充或调整图层按钮 ，在弹出的菜单中选择"亮度/对比度"命令，得到图层"亮度/对比度1"，在"属性"面板中设置其参数，以调整牙齿的亮度及对比度。

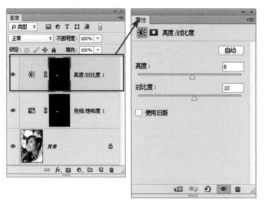

9.3 模拟漂亮的美瞳

扫码观看视频

美瞳是近年来较为流行的一种眼部饰品，它可以改变瞳孔的颜色，并使眼睛看起来更大、更明亮。但在实际拍摄时，可能由于事先道具准备不充分或美瞳颜色不对等原因，影响了画面的表现，此时可以通过后期处理的方式，对其进行添加或调整处理。

调修步骤

步骤 01 **选中瞳孔**

打开素材"第9章\9.3-素材.jpg"。

要调整瞳孔的颜色，首先就要将其选中。在本例中，将使用较为简单、便捷的磁性套索工具 进行快速选择。

在工具箱中选择磁性套索工具 ，并在其工具选项栏中设置适当的参数。

使用磁性套索工具 在双眼瞳孔区域绘制选区。

步骤 02 **调整瞳孔颜色**

在选中瞳孔后，就可以对其色彩进行处理了。这里的调整工作主要可以分为两类：其一是瞳孔本身没有色彩或色彩很弱，此时可以尝试使用"色彩平衡"调整图层进行色彩的叠加处理；其二是瞳孔本身具有较明显的色彩，此时可以使用"色相/饱和度"命令，对瞳孔的色彩属性进行更改即可。本例的照片明显属于第二种情况，因此下面来使用"色相/饱和度"命令对瞳孔色彩进行调整。

单击创建新的填充或调整图层按钮 ⬤，在弹出的菜单中选择"色相/饱和度"命令，得到图层"色相/饱和度1"，在"属性"面板中设置其参数，以调整瞳孔的颜色。

步骤 03 **调整眼睛的对比度**

通过上一步的调整，已经基本完成改变瞳孔颜色的处理，但调整后的眼睛看起来还不够明亮，因此下面来增强一下其对比度。由于本次的调整还是针对眼睛进行处理，需要相应的选区以限制调整范围，此时可以直接调出"色相/饱和度1"调整图层的图层蒙版中的选区，以进行快速处理。

按住Ctrl键并单击"色相/饱和度1"蒙版缩览图以载入其选区。

单击创建新的填充或调整图层按钮 ⬤，在弹出的菜单中选择"亮度/对比度"命令，得到图层"亮度/对比度1"，在"属性"面板中设置其参数，以调整图像的亮度及对比度。

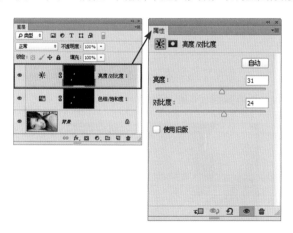 

9.4　为脸蛋增加可爱的腮红

扫码观看视频

案例概述

红润的脸色会让人物看起来气色更好、更健康。本例就来讲解人物增加腮红的方法，还可以在此基础上，适当增加强度，让人物显得非常可爱。

调修步骤

步骤 01　设置画笔

打开素材"第9章\9.4-素材.jpg"。

在本例中，主要是使用画笔工具 ✍ 绘制腮红，因此首先要对其基本属性进行设置，如画笔大小、绘图颜色等。

单击工具底部的前景色块，在弹出的对话框中设置颜色值为#ff0000。

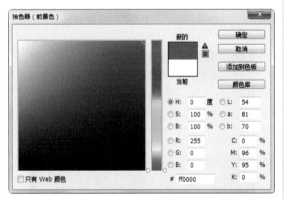

选择画笔工具 ✍ 并设置画笔大小为200像素，硬度为0%。在画笔工具 ✍ 的选项条上设置"不透明度"数值为40%。

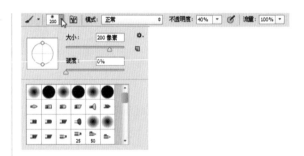

此处画笔大小可以根据人物面部的大小进行适当调整，若要快速调整画笔大小，可以按住Alt键并拖动鼠标左键，向左侧拖动是缩小画笔，向右拖动是增大画笔。"不透明度"参数将影响腮红的强度，可根据需要进行适当调整。

步骤 02　添加腮红

将鼠标光标置于人物的左脸处并单击，从而为其添加腮红效果。

按照上一步的方法，为另一侧的面部添加腮红即可。

若觉得腮红效果过强，可以选择橡皮擦工具 并设置适当的画笔大小、不透明度等参数，对腮红进行适当的擦除。

至此，人物的自然腮红效果已经制作完毕，在此基础上，也可以尝试制作比较夸张、可爱的效果。例如，下图所示就是在"画笔"面板中选择"画笔笔尖形状"选项，然后设置适当的"角度"及"圆度"参数，做进一步修饰后的效果，读者可以尝试制作。

9.5　使用快速选择工具抠图并更换衣服颜色

扫码观看视频

案例概述

快速选择工具能够迅速识别出物体的轮廓并将其选中。在本例中，我们将使用快速选择工具 抠选照片中人物的衣服，并为其修改颜色。

调修步骤

步骤 01 **选择衣服区域**

打开文件"第9章\9.5-素材.jpg"。

在工具箱中选择快速选择工具 ✓，在其工具选项栏中设置适当的画笔大小，在人物右上方的衣服上按住鼠标左键拖动，以将其选中，如下图所示。

提示：本例主要是选中衣服并为其调色，衣服左上方的肩带为白色且不太容易完全选中，又对调色结果没有影响，因此即使没有选中也可以。

继续使用快速选择工具 ✓ 在人物左下方的衣服上涂抹，以添加选区，此时由于左下方衣服的颜色与皮肤较为相近，因此很容易将人物手臂也一并选中，如下图所示。

继续使用快速选择工具 ✓，按住Alt键并在人物手臂上拖动，以减去该部分的选区，如下图所示。

按照上一步的方法，再减去另一只手臂的选区，如下图所示。

步骤 02 **变换衣服色彩**

在选中衣服后，下面来调整其颜色。单击创建新的填充或调整图层按钮 ●.，在弹出的菜单中选择"色相/饱和度"命令，得到图层"色相/饱和度1"，在"属性"面板中设置其参数，如下图所示，以调整图像的颜色。

调整完毕后的"图层"面板和效果图如下图所示。

9.6 美腿拉长处理

扫码观看视频

案例概述

在拍摄照片时，因拍摄角度、造型或模特本身的原因，使人物的腿显得不够修长，影响照片的美感。本例就来讲解通过
Photoshop中的合成功能，将腿部自然拉长的处理方法。

调修步骤

步骤 01 **截取腿部照片**

打开素材"第9章\9.6-素材.jpg"。

按Ctrl+J组合键复制"背景"图层得到"图层1"，按住Shift键并使用移动工具 ▶ 向上移动照片。

使用矩形选框工具 □ 沿着底部边缘绘制选区，以选中人物的腿部区域。

按Ctrl+J组合键将选区中的照片复制到新图层中，得到"图层2"。

步骤 02 拉长腿部

按Ctrl+T组合键调出自由变换控制框，并向下拖动底部中间的控制句柄，以将其拉至照片底部。按Enter键确认变换操作。

步骤 03 恢复手部照片

对腿部进行拉长处理后，腿部周围虽然有变化，但不影响观看，其中要处理的就是腿上的手，因此下面专门对其进行重新处理。

隐藏除"背景"图层以外的所有图层，使用磁性套索工具📮沿着手的边缘绘制选区，以将其选中。

选择"背景"图层并按Ctrl+J组合键将选区中的照片复制到新图层中，得到"图层3"。

重新显示其他图层，并将"图层3"拖至"图层"面板的顶部，然后调整手的位置，使之与人物身体正常连接在一起。

步骤 04 修除多余的手照片

在将未变形的手照片叠加到所有照片上方后，下面会显露出变形的多余手照片，下面来将其修除，由于此处的照片较为复杂，不适合使用智能修复工具，因此下面使用仿制图章工具📤以复制的方式进行修复处理。

在"图层3"下方新建得到"图层4"，选择仿制图章工具📤并在其工具选项栏上设置参数。

按住Alt键并使用仿制图章工具📤在照片附近单击，以定义源照片。

释放Alt键，然后在多余的手照片上进行涂抹，直至将其修除为止。

此时，下方多余的手照片已经修除，但之前选择手照片时却带有一定的多余的照片，下面来结合图层蒙版功能将其修除。

选择"图层3"并单击添加图层蒙版按钮 ▣ 为其添加图层蒙版，设置前景色为黑色，选择画笔工具 ✐ 并设置适当的画笔大小及不透明度，在人物手的边缘上涂抹以将其隐藏。

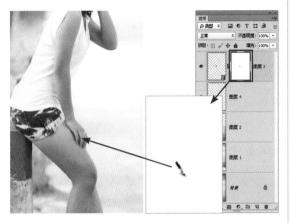

步骤05 **修饰人物整体身形**

至此，我们已经完成了对腿部的拉长处理，观察照片整体可以看出，人物的身形也存在较大的优化空间，因此下面对人物的小腿、腰部及胸部进行处理。

按Ctrl+Shift+X组合键或选择"滤镜"－"液化"命令，在弹出的对话框中选中"高级模式"及"显示网格"选项，然后按照上一个案例中的方法，使用向前变形工具 ✐ 对小腿、腰部及胸部进行形态优化处理即可。

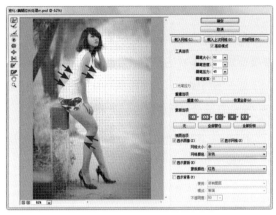

下图所示是处理完成后的整体效果。

9.7 为人物瘦脸

扫码观看视频

案例概述

由于拍摄角度或模特本身的原因，人物脸形可能会显得不够美观，此时可以利用Photoshop中的"液化"功能进行修饰及校正处理。

步骤 01 转换智能对象

打开素材"第9章\9.7-素材.jpg"。

由于修饰脸型是一项很细致的处理工作，往往需要反复进行多次的修改，才能得到满意的结果，为了便于随时操作，下面将利用智能对象图层记录下"液化"命令的相关参数。

按Ctrl+J组合键复制"背景"图层得到"图层1"，并在"图层1"的图层名称上单击鼠标右键，在弹出的菜单中选择"转换为智能对象"命令。

步骤 02 修饰脸形

按Ctrl+Shift+X组合键或选择"滤镜"－"液化"命令，在弹出的对话框中选中"高级模式"及"显示网格"选项。

此处显示网格主要是为了便于观看所做的变形处理，读者在实际调整时可根据需要选择显示或隐藏该辅助网格。

选择向前变形工具，并在右侧上方设置适当的参数。

使用向前变形工具，对人物的右侧脸部进行收缩处理。

按照上述方法，再对人物的左侧脸部进行处理。

步骤 03 修饰手臂

至此，我们已经基本完成了脸部的修饰，下面再来对手臂进行适当的修饰。其中人物左侧手臂显得较宽，右侧手臂的边缘曲线很不自然。

按照上一步中的方法，继续使用向前变形工具 分别对人物左、右的手臂进行修饰即可。

在修饰右侧手臂时，由于下方与手有交叠，因此要使用较小的画笔做细致的处理，以避免手出现变形的问题。

处理完成后，单击"确定"按钮退出对话框即可。由于前面已经将"图层1"转换为智能对象，

因此当前应用的"液化"命令会自动生成为智能滤镜，并显示在"图层1"的下方。下图所示是修复后的整体效果及对应的"图层"面板。

在要编辑"液化"命令时，可以直接双击"图层1"下方的"液化"文字，即可重新调出"液化"对话框，此时将可以在上一次编辑的结果上进行处理。

9.8　高反差保留磨皮法

扫码观看视频

案例概述

高反差保留磨皮法是以其核心技术"高反差保留"命令进行命名的一种磨皮方法，能够满足相对较为快速又准确的磨皮处理需求。

调修步骤

步骤 01　对皮肤进行初步处理

打开素材"第9章\9.8-素材.jpg"。

下面将结合"反相"和"高反差保留"命令以及混合模式功能柔滑皮肤，首先，由于本例的高反差磨皮法并不是直接得到磨皮效果的，可能需要进行反复的调整，因此我们先将要处理的图层转换为智能对

象，这样在后面对其应用滤镜时，就可以生成相应的智能滤镜，以便于随时进行编辑和调整。

按Ctrl+J组合键复制"背景"图层得到"图层1"。按Ctrl+I组合键执行"反相"命令。

在"图层1"的名称上单击鼠标右键，在弹出的菜单中选择"转换为智能对象"命令。

选择"滤镜"－"其它"－"高反差保留"命令，在弹出的对话框中设置适当的参数，单击"确定"按钮退出对话框，即可生成相应的智能滤镜。

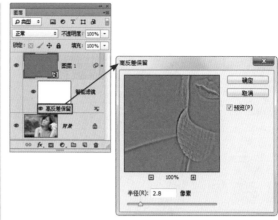

设置"图层1"的混合模式为"叠加"，不透明度为70%，以混合图像，实现磨皮的目的。

下图所示是磨皮前后的局部效果对比。

步骤 02 **恢复人物细节**

至此，人物的皮肤已变得柔滑，但皮肤以外的图像也变得模糊不清，下面利用图层蒙版功能来处理这个问题。

单击添加图层蒙版按钮 ▣ 为"图层1"添加图层蒙版，设置前景色为黑色，选择画笔工具 ✏ 并设置适当的画笔大小及不透明度，在人物的眼睛、头发等细节上涂抹，在将其恢复出来。

按住Alt键并单击"图层1"的图层蒙版，可以查看其中的状态。

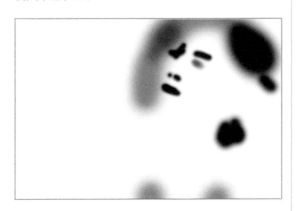

下图所示是编辑图层蒙版前后的局部效果对比。

步骤 03 锐化细节

在执行磨皮操作后，虽然已经恢复了人物的眼睛及头发等细节，但还是不可避免地会损失一定的细节，因此下面来对其进行一定的锐化处理。

按Ctrl+Alt+Shift+E组合键执行"盖印"操作，从而将当前所有可见的图像合并至一个新图层中，得到"图层1"。

选择"滤镜"–"锐化"–"USM锐化"命令，在弹出的对话框中设置适当的参数，直至得到满意的清晰度。

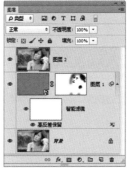

下图所示是锐化前后的局部效果对比。

9.9 修出诱人S形曲线

扫码观看视频

案例概述

在拍摄照片时，往往由于拍摄的角度、服装、造型或模特本身的原因，照片中人物的身材不够性感，此时可以使用Photoshop非常容易地进行修复校正处理。修饰人物身材时，要特别注意身体的协调性和自然性，避免过度修饰，导致人物的身形显得怪异。另外，在修饰过程中，还要注意对周围环境的影响，不要出现明显的变形问题，影响画面的美观。

调修步骤

步骤 01 转换智能对象

打开素材"第9章\9.9-素材.jpg"。

液化处理是一项很细致的处理工作，往往需要反复进行多次的修改，才能得到满意的结果，因此下面将复制"背景"图层，并将其转换为智能对象图层，从而在应用"液化"滤镜后，可以随时进行编辑和修改。

按Ctrl+J组合键复制"背景"图层得到"图层1"，并在"图层1"的图层名称上单击鼠标右键，在弹出的菜单中选择"转换为智能对象"命令。

步骤 02 修饰腰部

按Ctrl+Shift+X组合键或选择"滤镜"－"液化"命令，在弹出的对话框中选中"高级模式"选项，以显示全部的调整参数。

适当放大显示比例，以便于针对人物的腰部进行处理。

在对腰部进行具体处理前，首先应分析一下其周围的元素。在本例的照片中，腰部右侧就是窗帘，为了平滑地收缩腰部，我们会采用较大的画笔进行处理，但此时就容易把窗帘也一并变形了，因此首先应该将该区域"锁定",使液化处理不对该区域起作用。

在左侧的工具箱中选择冻结蒙版工具 ,并在右侧面板设置适当的画笔大小等参数,然后在腰部右侧的窗帘上进行涂抹,以将其冻结,默认情况下,被冻结的区域以红色显示。

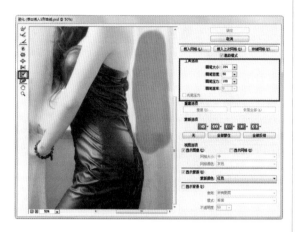

选择向前变形工具 ,并在右侧的"工具选项"区域中设置相关参数,然后在人物腰部位置进行收缩处理。

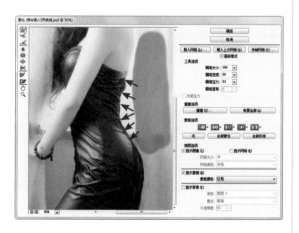

步骤 03　修饰腹部

按照类似上一步的方法,继续使用向前变形工具 对人物的腹部进行适当的收缩即可。

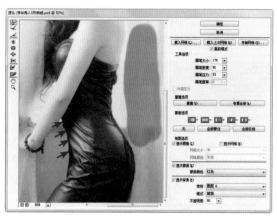

由于腹部上方与手臂靠得比较近,为了避免产生手臂变形的问题,可以适当缩小画笔对二者相交的区域进行调整,也可以按照上一步中的方法,使用冻结蒙版工具 将手臂区域冻结,从而彻底避免操作的可能。

步骤 04　修饰胸部

下面来对人物的胸部进行适当的丰满处理,此处与步骤01处理腰部的情况类似,相比之下更为复杂,其附近除了存在窗帘外,还涉及手臂,为了避免二者产生变形,可以先将其冻结。

使用冻结蒙版工具 在人物胸部左右两侧的窗帘和手臂上涂抹,以将其冻结。

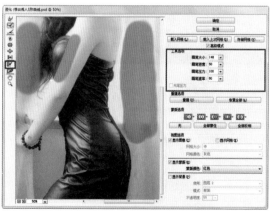

按照上一步的方法，使用向前变形工具  对人物的胸部进行外扩处理即可。

处理完成后，单击"确定"按钮退出对话框即可。由于前面已经将"图层1"转换为智能对象，因此当前应用的"液化"命令会自动生成为智能滤镜，并显示在"图层1"的下方。下图所示是修复后的整体效果及对应的"图层"面板。

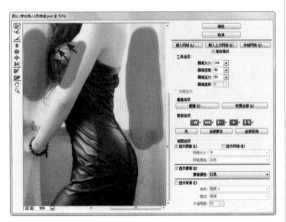

在要编辑"液化"命令时，可以直接双击"图层1"下方的"液化"文字，即可重新调出"液化"对话框，此时将可以在上一次编辑的结果上进行处理。

下图所示是在选中"显示网格"选项时，液化处理前后的效果对比。通过观察网格的变形，可以更清晰地观察到各部分的变化。

第 **10** 章

人像照片调色

10.1 曝光过度的废片处理得到日系清新色调

扫码观看视频

案例概述

在户外拍摄人像时，为保证人物正常曝光，难免会由于背景过亮而导致画面出现曝光过度的问题。本例制作的日系清新色调效果，较偏向于沉稳、低调又不乏清新、清爽的视觉感受，同时，由于其独特的调整原理，可以为曝光过度的区域也赋予颜色，从而修复曝光过度的问题。要注意的是，本例的效果较适合以绿色或其他较为自然清新的色彩为主的照片，且照片的对比度不宜过高，色彩也不必过于浓郁。在调整过程中，要注意将人物皮肤的暖调色彩恢复出来，避免产生怪异、不自然的皮肤效果。

调修步骤

步骤 01 为高光叠加颜色

打开素材"第10章\10.1-素材.jpg"。

下面先来新建填充图层并为照片的高光区域叠加色彩，以确定其基本色调。

单击创建新的填充或调整图层按钮 ◐. ，在弹出的菜单中选择"颜色填充"命令，创建得到"颜色填充1"调整图层，在弹出的对话框中设置颜色。

设置"颜色填充1"图层的混合模式为"正片叠底"，从而调整照片整体的色调。

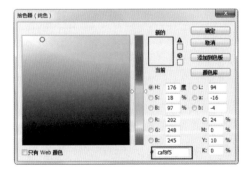  

此时，人物皮肤的颜色显得较为灰暗，下面就来处理一下此问题。

选中"颜色填充1"的图层蒙版，设置前景色为黑色，选择画笔工具 ✐. 并设置适当的画笔大小及不透明度，然后在人物皮肤的位置进行涂抹。

按住Alt键并单击"颜色填充1"的图层蒙版缩览图可以查看其中的状态。

步骤 02 **调整整体色彩**

下面来使用"可选颜色"命令对照片进行润饰。

单击创建新的填充或调整图层按钮 ，在弹出的菜单中选择"可选颜色"命令，创建得到"选取颜色1"调整图层，然后在"属性"面板中选择"红色"和"黄色"选项并设置参数，从而进一步强化照片中的暖调色彩。

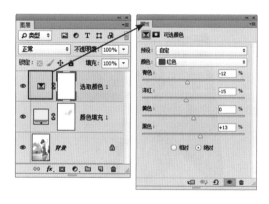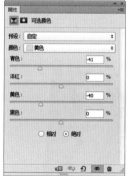

步骤 03 **继续美化彩**

下面来使用"曲线"命令对照片进行润饰。

单击创建新的填充或调整图层按钮 ，在弹出的菜单中选择"曲线"命令，创建得到"曲线1"调整图层，然后在"属性"面板中选择"红""绿"和"蓝"通道并设置参数，从而进一步强化照片的色彩。

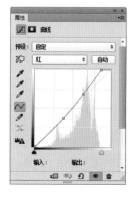

步骤 04 **提高画面对比度**

至此，对照片的处理已经基本完成了，从整体上看，画面显得略微有些灰暗，因而显得不够通透，下面就针对此问题进行处理。

单击创建新的填充或调整图层按钮 ，在弹出的菜单中选择"亮度/对比度"命令，创建得到"亮度/对比度1"调整图层，然后在"属性"面板中设置适当的参数即可。

下图所示是调整照片对比度后的效果。

10.2 甜美清新的阿宝色

扫码观看视频

案例概述

"阿宝色"其实是一种色调的名称，是一位名为阿宝的摄影师（网名：aibao）所创的一种特别的照片色彩效果。这种色彩效果的主要特点是橘色的肤色和偏青色的背景色调，整体的视觉效果非常清新、唯美，因而得到大家的喜爱。

调修步骤

步骤 01 **转换图像为Lab颜色模式**

打开素材"第10章\10.2-素材.jpg"。

选择"图像"－"颜色模式"－"Lab模式"命令，从而将图像转换为Lab颜色模式。

选择"窗口"－"通道"命令，以显示"通道"面板，此时可以看到当前的3个颜色通道（明度、a和b），与最顶部的Lab复合通道。

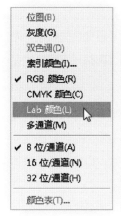

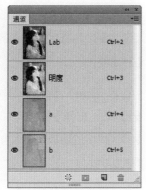

在"通道"面板中，单击a通道以将其选中，按Ctrl+A组合键执行"全选"操作，按Ctrl+C组合键执行"复制"操作。

单击b通道以将其选中，按Ctrl+V组合键将刚刚复制的a通道中的图像粘贴至b通道中。

在Lab颜色模式下，a通道保存的是从红色到深绿色，b通道保存的是从蓝色到黄色。对于环境以绿色为主、肤色包含较多红色的照片来说，a通道中关于红色和绿色的部分会较为明亮，因此将a通道中的图像复制到b通道后，照片中蓝色及黄色会变得更多，更直观地说，人物的皮肤会变为橘色，而环境中的绿色会变为青色，这也正是调整阿宝色的基本原理。

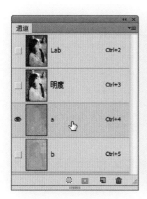

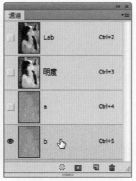

在"通道"面板中单击Lab复合通道，以观察图像的整体效果。

当照片中的绿色，尤其是深绿色较多时，在复制a通道中的图像至b通道后，照片中的绿色会转换

为大面积的青蓝色，若觉得效果不满意，可尝试使用"色相/饱和度"命令对颜色进行一定的调整，直至得到满意的效果为止。

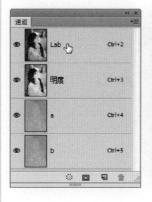

步骤 02 **优化照片中的暖调色彩**

对于本例中的照片，在复制a通道中的图像至b通道后，人物的暖色调略微有些不足，因此下面来使用"色阶"命令强化一下其暖调色彩。

按Ctrl+L组合键或选择"图像"－"调整"－"色阶"命令，在弹出的对话框中选择a通道，并调整黑、灰、白3个输入滑块，以增加人物的暖调色彩。

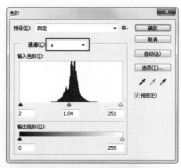

在将图像处理得到基本满意的色彩后，即可转换回RGB颜色模式。

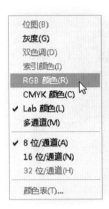 

将照片转换为RGB颜色模式，不但便于以后使用其他图像调整命令继续调整，同时也便于在网络或Windows资源管理器中查看照片效果，否则可能会出现查看照片为灰度效果的问题。

步骤 04 **进一步优化照片的色彩**

至此，我们已经基本完成了阿宝色的处理，为了让照片更加通透，下面来适当调整一下整体的亮度与对比度。

单击"图层"面板中的创建新的填充或调整图层按钮，在弹出的菜单中选择"亮度/对比度"命令，在弹出的面板中设置参数，以优化照片整体的亮度及对比度。

10.3 淡彩红褐色调

扫码观看视频

案例概述

本例制作的淡彩红褐色调效果，在视觉上较为中性，不会明显偏向于某种感情色彩，因此可广泛应用于各种主题的人像照片中，如活泼、忧郁、安静等主题的照片均可。

调修步骤

步骤 01 **增加红色并调整对比度**

打开素材"第10章\10.3-素材.jpg"。

单击创建新的填充或调整图层按钮，在弹出的菜单中选择"曲线"命令，创建得到"曲线1"调整图层，在"属性"面板的"通道"下拉菜单中选择"红"选项并设置参数，以提高照片中的红色。

再选择"RGB"通道并设置参数，以提高整体的对比。

调整后的人物头部区域显得对比度过高，因此下面将利用图层蒙版，对该区域的调整进行适当的恢复。

选中"曲线1"的图层蒙版，设置前景色为黑色，选择画笔工具 ✐，并在工具选项栏中设置较低的不透明度及适当的画笔大小，然后在人物面部的位置进行涂抹，以隐藏过于浓郁的色彩。按住Alt键并单击"曲线1"的图层蒙版可以查看其中的图层蒙版状态。

步骤 02　叠加随机纹理

为了增强照片整体的气氛，下面将结合"云彩"、混合模式及调整图层等功能，为照片叠加随机纹理及色彩。

新建一个图层得到"图层1"，按D键将前景色与背景色复位为黑、白色，然后选择"滤镜"－"渲染"－"云彩"命令，以制作随机的云彩纹理。

设置"图层1"的混合模式为"滤色"，不透明度设为50%，使云彩与下方的图像融合在一起。

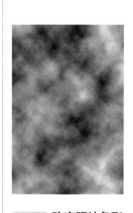

步骤 03　改变照片色彩

至此，已经为照片调整好了基本的色调，并增加了随机的云彩纹理，下面开始调整照片中的色彩，使之倾向于需要的红褐色。

单击创建新的填充或调整图层按钮 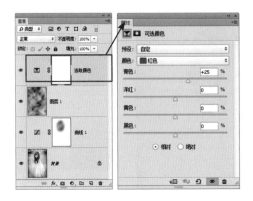，在弹出的菜单中选择"可选颜色"命令，创建得到"选取颜色1"调整图层，在"属性"面板中设置参数，使绿色变淡，同时一定程度上增强红色调。

步骤04 **继续强化色彩**

下面将使用"色彩平衡"调整图层，继续强化照片中的褐色效果。

单击创建新的填充或调整图层按钮 ，在弹出的菜单中选择"色彩平衡"命令，创建得到"色彩平衡1"调整图层，在"属性"面板中设置参数，以进一步增强画面中的红色调。

10.4　浪漫蓝紫色调

扫码观看视频

在本例中，我们首先将"蓝"通道填充为白色，从而改变照片的整体色调，然后再结合"曲线"命令、"高斯模糊"滤镜及混合模式与不透明度等功能，调整照片的曝光并为其增加柔光效果。在选片时，建议选择以绿色为主的环境，且人物与环境的色彩及亮度均区分较大的照片，若照片中还存在花朵、彩色的饰品等元素，可以得到最佳的效果。

调修步骤

步骤 01　填充蓝通道

打开素材"第10章\10.4-素材.jpg"。

按Ctrl+J组合键复制"背景"图层得到"图层1"。显示"通道"面板，在其中单击"蓝"通道，按D键将前景色与背景色恢复为默认的黑白色，然后按Ctrl+Delete组合键，将其填充为白色，然后单击"RGB"通道的名称，以返回图像编辑状态。

设置"图层1"的不透明度为60%，得到如下方右图所示的效果。

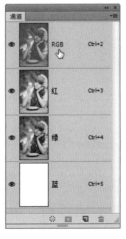

步骤 02　调整照片明暗对比

选中"红"通道，按Ctrl+A组合键全选，按Ctrl+C组合键进行复制，然后单击"RGB"通道的名称返回图像编辑状态，按Ctrl+V组合键进行粘贴得到"图层2"，此时的图像状态如下方左图所示。

设置"图层1"的混合模式为"正片叠底"，得到如下方右图所示的效果。

下面来为"图层1"调整亮度，使其暗部保留，亮部被混合模式自动过滤。单击创建新的填充或调整图层按钮，在弹出的菜单中选择"曲线"命令，创建得到"曲线1"调整图层，按Ctrl + Alt+G组合键创建剪贴蒙版，然后在"属性"面板中设置参数，此时属性和图层面板的状态，以及调整后的效果如下图所示。

步骤 03 **制作柔光效果**

下面来为照片整体添加柔光效果。选中"曲线1"，按Ctrl+Alt+Shift+E组合键执行"盖印"操作，从而将当前所有图像复制到该图层中，得到"图层3"。

选择"滤镜"-"模糊"-"高斯模糊"命令，设置弹出的对话框如下方左图所示，单击"确定"按钮退出对话框。

设置"图层2"的混合模式为"滤色"，不透明度设为30%，得到如下方右图所示的效果。

按Ctrl+J组合键复制"图层2"得到"图层3拷贝"，修改其混合模式为"柔光"，不透明度设为55%，得到如下方左图所示的效果，此时的"图层"面板如下方右图所示。

10.5　唯美秋意色调

扫码观看视频

摄影师：郑东
模特：夏寒璐

秋天具有鲜明的季节特色，在与人像摄影相结合时，往往利用其特有的黄色、橙色、红色等颜色，表现其特有的含蓄、诗意之美。当然，在实际拍摄时，我们可能并不处于秋季，因此，要使照片具有秋天的美，就需要后期处理来获得。在本例中，原照片拍摄于夏天，画面中绿色较多，因此在调整过程中要通过大幅的色彩调整，将其处理为秋天的黄色，并针对人像照片做适当的明暗优化，以突显画面的美感。

调修步骤

步骤 01　设置相机校准

打开素材"第10章\10.5-素材.nef"，以启动Camera Raw软件。

在对照片进行调色处理前，首先来为其指定一个适合当前照片的相机校准，这可以帮助我们快速对照片进行一定的色彩优化，并且会影响到后面的调整结果。

选择"相机校准"选项卡，在其中选择Camera Portrait v2预设，以针对人像照片优化其色彩与明暗。

相机校准预设是Camera Raw针对不同类型照片而提供的内部色彩优化方案，它不会对其他选项卡中的参数有影响。通常来说，根据照片类型选择相应的预设往往会得到较好的效果。在相同的调整参数下，选择不同的预设时，得到的效果会有较大的差异。在实际使用时，可尝试选择不同的预设，以期得到最好的结果。

下面对照片整体的曝光与色彩进行初步的处理。

选择"基本"选项卡，并分别设置各个参数，以优化照片的曝光与色彩，降低照片的明暗对比，并初步将照片的色彩调整为偏暖黄色的效果。

步骤02 **细化色彩调整**

本例原始照片中的颜色是以绿色为主，而本例是要将照片调整为具有秋意的视觉效果，因此下面来对照片中的绿色分别从色相、饱和度及明亮度3个方面做大幅调整，使其具有秋意的感觉。

在"HSL/灰度"选项卡中，分别选择"色相""饱和度"和"明亮度"子选项卡，并在其中设置适当的参数，直至得到满意的效果。

下面再来对现有的色彩做适当的润饰。

选择"分离色调"选项卡，拖动"高光"区域中的滑块，以改变高光范围的色彩，直至得到满意的效果。

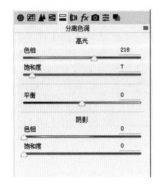

此时，照片已经初步具有秋景的色彩，但还不够浓郁，下面来继续强化其色彩效果。

选择"色调曲线"选项卡中的"点"子选项卡，然后在"通道"下拉列表中选择"蓝""红"和"RGB"选项，并在调节线上按住鼠标左键拖动，以添加节点并调整其亮度，直至得到满意的效果。其中"蓝""红"通道主要是调整照片的色彩，而"RGB"通道的调整是为了强化照片的对比。

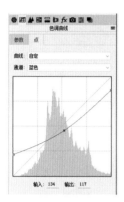

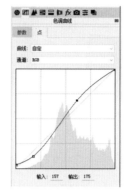

当前照片整体拥有的是一个统一的秋景色调，在视觉上略显单一，因此下面来对照片进行冷暖效果的对比处理。由于上半部分存在较多的树叶和阳光，因此比较适合保持为暖调色彩，因此下面将照片的下半部分添加一定的冷调效果。

选择渐变滤镜工具 ，按住Shift键从下向上处拖动，以确定调整的范围，然后在右侧面板设置适当的参数，直至得到满意的效果。

10.6 梦幻淡蓝色调

扫码观看视频

摄影师：韩冬阳

案例概述

本例制作的是一个典型的以美少女人像为主体、淡蓝色为主调的照片效果，这也是近年来比较流行和常用的一种效果，其特点就是画面较为清爽、明快、干净、自然，因而受到很多人的喜爱。在调整过程中，主要是通过白平衡与调整曲线，使照片初步具有蓝调效果，然后结合曝光调整，使画面变得轻快。

调修步骤

步骤 01 **设置相机校准**

打开素材"第10章\10.6-素材.nef"，以启动Camera Raw软件。

在对照片进行调色处理前，首先来为其指定一个适合当前照片的相机校准，这可以帮助我们快速对照片进行一定的色彩优化，并且会影响到后面的调整结果。

选择"相机校准"选项卡，在其中选择Camera Portrait预设，优化人像照片的色彩与明暗。

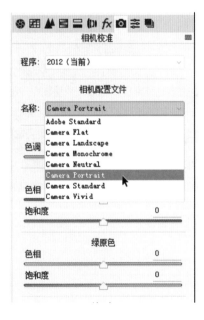

步骤 02 初步调整色彩与曝光

当前照片的色调偏暖，因此首先通过调整白平衡的方法对其进行冷调色彩调整。

选择"基本"选项卡，在右侧参数区的顶部适当调整"色温"与"色调"参数，以初步确定照片整体的色调。

此时，照片的曝光问题越来越明显，因此下面再来对其亮度与对比度进行适当的调整。

选择"基本"选项卡，在右侧参数区的中间部分，分别调整"曝光"和"对比度"参数，以改善照片的曝光与对比。

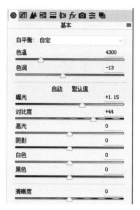

继续在右侧参数区的中间部分调整参数，以优化其中的高光和暗部部分，使画面变得更加轻快。

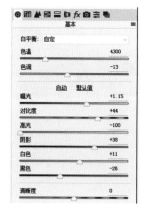

进一步润饰画面

通过上面的调整，我们已经初步调整好了照片的基本色调与曝光，下面再对其细节和色彩进行润饰调整。

选择"基本"选项卡，在右侧参数区的底部分别拖动各个滑块，调整照片的色彩，并降低照片的立体感与细节，使人物变得更加柔和。

选择"色调曲线"选项卡中的"点"子选项卡，然后在"通道"下拉列表中选择"蓝色"选项，在调节线上按住鼠标左键拖动，以添加节点并增强照片中的蓝色。

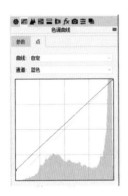

步骤04 **润饰人物色彩**

通过上面的调整，照片整体已经变成偏冷调的效果，人物皮肤的色调则显得过冷了，下面针对此问题进行处理。

选择调整画笔工具 ✎ 并在右侧设置的画笔大小等参数。使用调整画笔工具 ✎ 在人物身上涂抹，以确定调整的范围（为便于观看，笔者在右侧选中了"蒙版"选项，以显示调整的范围）。

　　在右侧面板设置适当的参数，直至得到满意的调整结果。若对此范围不满意，可以按住Alt键进行涂抹，以缩小调整范围。

步骤 05 **修正牙齿颜色**

　　通过前面的调整，人物的色彩变得较为正常，但可以明显看出牙齿的颜色有些发黄，因而不太美观，下面对其进行适当的调整。要注意的是，受Camera Raw功能的限制，我们很难完善地将这种泛黄的效果完全修除，因此只是尽量将其修除。用户也可以在完成其他处理后，转至Photoshop中进行细致的调整，以彻底解决此问题。

　　选择调整画笔工具 ✐ ，并在右侧上方选择"新建"选项，然后按照上一步的方法，使用调整画笔工具 ✐ 在人物牙齿上进行涂抹，并在右侧面板设置参数，以修复牙齿泛黄的问题。下方右侧两张图所示是修复前后的局部效果对比。

步骤 06 **修除杂边**

　　观察照片可以看出，由于镜头品质和光线等因素的影响，人物身体边缘有较明显的绿边，尤其是人物面部，因此下面来对其进行修除。

在"镜头校正"选项卡中选择"手动"子选项卡，并拖动"去边"区域中的"绿色数量"滑块，直至得到满意的效果。下方右侧两张图所示为去边前后的局部效果对比。

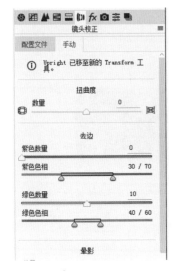

步骤 07 修复面部斑点

在前面放大显示人物面部时，可以看出较小的斑点，虽然在缩小显示后基本看不到，但出于严谨的态度，还是应该将其修除。

选择污点去除工具 ✎ 并在右侧面板设置适当的画笔参数。然后将鼠标光标置于斑点上，并保证当前的画笔大小能够完全覆盖目标斑点，单击鼠标左键，即可自动根据当前斑点周围的图像进行智能修除处理，其中红色圆圈表示被修除的目标图像，绿色圆圈表示源图像。

下图所示是选择其他工具后，隐藏虚线框后的效果。

在修除过程中，可能需要使用不同大小的画笔，用户可以按住Alt键并向左、右拖动鼠标右键，以快速调整画笔大小。

10.7　经典蓝黄色调

扫码观看视频

摄影师：韩冬阳

蓝黄色调是一种较常见的调色效果，配合照片的主题，如忧郁、沉思等，能让照片显得更加深沉、更有内涵。在处理过程中，我们主要是将暗部处理为深蓝色，亮部处理为暖黄色。因此，除了基本的曝光处理外，主要会针对亮部和暗部进行色彩处理，从而制作出经典的蓝黄色调效果。

调修步骤

步骤 01　设置相机校准

打开素材"第10章\10.7-素材.nef"，以启动 Camera Raw软件。

在对照片进行调色处理前，首先来为其指定一个适合当前照片的相机校准，这可以帮助我们快速对照片进行一定的色彩优化，并且会影响到后面的调整结果。

选择"相机校准"选项卡，在其中选择Camera Portrait预设，以针对人像照片优化其色彩与明暗。

步骤 02　调出蓝黄色调

下面将通过编辑"色调曲线"面板中的通道，初步调出照片蓝黄色调的效果。

选择"色调曲线"选项卡中的"点"子选项卡，然后在"通道"下拉列表中选择"蓝"选项，在调节线上按住鼠标左键拖动，以添加节点并调整高光和暗部的色彩。

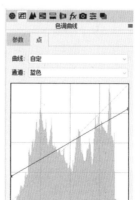

下面继续在"分离色调"选项卡中强化照片的色彩。之所以该选项卡中的参数进行调整，主要是因为它是分别针对照片的高光和暗部进行调整的，刚好符合本例中分别对高光和暗部进行调色的需求。

选择"分离色调"选项卡，分别拖动"高光"和"阴影"区域中的滑块，以改变照片的色彩，直至得到满意的效果。

步骤 03 **修饰照片细节**

照片中烟雾所占的面积较大，而且缺乏层次感，下面来对其进行适当的校正处理，使画面显得更加通透。

选择"效果"选项卡并向右拖动"去除薄雾"下方的数量滑块，以增强画面的通透感。

下面再大致以人物的皮肤为主，进行适当的柔滑处理。

选择"基本"选项卡，在右侧参数区的底部向左侧拖动"清晰度"滑块，使人物的皮肤变得更加柔滑。

10.8　低调胶片质感人像

扫码观看视频

摄影师：韩冬阳

案例概述

在数码摄影大行其道的今天，胶片照片以其特有的质感，受到了众多摄影爱好者的喜爱。当然，胶片摄影设备已经逐渐退出市场，而且成本较高，不是每个人都能够接受的，因此，通过后期处理的方式制作胶片质感，就成了一种非常好的选择。

调修步骤

步骤 01　降低照片对比度

打开素材"第10章\10.8-素材.jpg"。

本例要制作的效果需要较低的对比度，而当前照片的对比度过强，因此首先要对其进行降低对比度处理。

单击创建新的填充或调整图层按钮 ●.，在弹出的菜单中选择"亮度/对比度"命令，得到图层"亮度/对比度1"，在"属性"面板中设置其参数，以调整照片的亮度及对比度。

步骤 02　美化色彩

下面来对照片中的色彩进行美化处理，在此主要是使用"可选颜色"调整图层，将照片中的红色调整为橙色。

单击创建新的填充或调整图层按钮 ●.，在弹出的菜单中选择"可选颜色"命令，得到图层"选取颜色1"，在"属性"面板中选择"红色"选项并设置参数，以调整红色为橙色。

步骤 03　进一调整曝光与色彩

通过前面的调整，画面已经初步得到低调效果，但还不够，下面来继续进行调整。

单击创建新的填充或调整图层按钮 ⊘.，在弹出的菜单中选择"曲线"命令，得到图层"曲线1"，在"属性"面板中设置其参数，以调整图像的颜色及亮度。

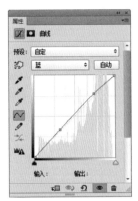

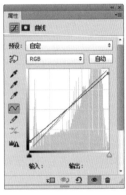

步骤 04 添加暗角效果

对于老式的胶片相机来说，照片或多或少都会带有一些暗角，因此，为了更好地模拟胶片效果，下面来为照片整体添加暗角效果。

下面来将现有的照片效果盖印至新图层中，并将其转换为智能对象，从而在应用滤镜后，能够生成相应的智能滤镜，以便于进行编辑和调整。

选择"图层"面板顶部的图层，按Ctrl + Alt + Shift + E组合键执行"盖印"操作，从而将当前所有的可见图像合并至新图层中，得到"图层1"。

在"图层1"的名称上单击鼠标右键，在弹出的菜单中选择"转换为智能对象"命令，从而将其转换为智能对象图层。

选择"滤镜"-"镜头校正"命令，在弹出的对话框中选择"自定"选项卡，并适当设置"晕影"区域中的参数，直至得到满意的暗角效果为止。

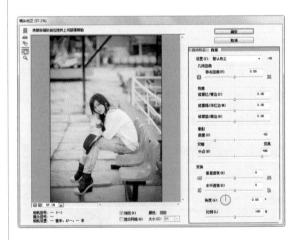

设置完成后，单击"确定"按钮退出对话框即可，此时将在"图层1"下方生成相应的智能滤镜。

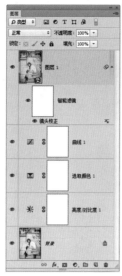

步骤 05 添加噪点

适当地添加一些噪点，可以让画面更具有一种怀旧的韵味，这也是胶片照片所具有典型特征之一，下面就来适当为照片添加一些噪点。

选择"滤镜"－"杂色"－"添加杂色"命令，在弹出的对话框中设置适当的参数。

得到满意的效果后，单击"确定"按钮退出对话框即可，此时将在"图层1"下方生成相应的智能滤镜。

下图所示是添加杂色前后的效果对比。

虽然添加噪点可以增强画面的胶片质感，但添加在人物面部的及身体上的噪点，还是很影响对人物皮肤的表现，因此，下面将适当隐藏一些噪点，以恢复出人物。

单击添加图层蒙版按钮 为"图层1"添加图层蒙版，设置前景色为黑色，选择画笔工具 并设置适当的画笔大小及不透明度，在人物身体上涂抹，以隐藏该区域的噪点。

按住Alt键并单击"图层1"的图层蒙版可以查看其中的状态。

第 11 章

人文照片后期处理

11.1 模拟HDR色调合成人文情怀照

扫码观看视频

本例制作的人文照片减少了明暗对比度，使画面的高光与阴影都有丰富细节的HDR色调效果。画面的色彩有胶片质感，能够较好地凸显小孩们的皮肤质感。

调修步骤

步骤 01 **显示阴影与高光中的细节**

打开素材"第11章\11.1-素材.jpg"。

当前照片在拍摄时略有一些逆光，因此人物较暗而背景较亮，下面先来校正此问题。

按Ctrl+J组合键复制"背景"图层得到"图层1"，在该图层名称上单击右键，在弹出的菜单中选择"转换为智能对象"命令，使后面应用于此图层的滤镜，能够生成智能滤镜，以便于进行编辑。

选择"图像"-"调整"-"阴影/高光"命令，在弹出的对话框中分别设置"阴影"和"高光"参数，以显示照片中亮部与暗部的细节，并初步调整出HDR照片的效果。

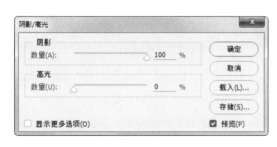

对本例的照片效果来说，可以考虑为其增加一定的暗角，但对于本例所处理的照片，由于周围非常明亮，添加暗角会使照片看起来不够协调，因此下面不再为其添加暗角。读者在处理自己的照片时，如果需要添加暗角，可以按Ctrl+Alt+R组合键或选择"滤镜"-"镜头校正"命令，在弹出的对话框中选择"自定"选项卡，并在其中调整"晕影"参数，从而为照片增加暗角效果。得到满意的效果后，单击"确定"按钮退出即可。

步骤 02 调整照片对比度

通过上一步的提亮阴影处理，照片整体的对比度会显得有些不足，因此下面来对其进行润饰处理。

单击创建新的填充或调整图层按钮 ●，在弹出的菜单中选择"亮度/对比度"命令，得到图层"亮度/对比度1"，在"属性"面板中设置其参数，以调整照片的亮度及对比度。

步骤 03 降低照片饱和度

对于本例处理的人文类照片及其效果而言，相对较低的饱和度，更能突显照片整体的氛围及其质感。

单击创建新的填充或调整图层按钮 ●，在弹出的菜单中选择"色相/饱和度"命令，得到图层"色相/饱和度1"，在"属性"面板中设置其参数，以调整照片的颜色。

步骤 04 提升照片立体感与细节

至此，我们已经完成了对照片的曝光及色彩的处理，下面将通过处理以增强照片中的立体感及细节，使照片更具视觉感染力，这也是人文类照片中常用的一种处理手法。

选择"图层"面板顶部的图层，按Ctrl + Alt + Shift + E组合键执行"盖印"操作，从而将当前所有的可见照片合并至新图层中，得到"图层2"。

在"图层2"的名称上单击鼠标右键，在弹出的菜单中选择"转换为智能对象"命令，从而将其转换成为智能对象图层，以便于下面对该图层中的照片应用及编辑滤镜。

选择"滤镜"-"其它"-"高反差保留"命令，在弹出的对话框中设置"半径"数值为6，单击"确定"按钮退出对话框，并生成相应的智能滤镜。

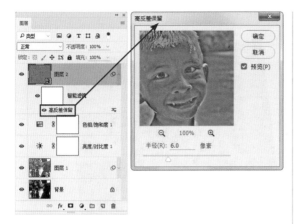

按Ctrl+J组合键复制"图层2"得到"图层2拷贝"，然后双击该拷贝图层的"高反差保留"智能滤镜，在弹出的对话框中修改"半径"数值为2像素，单击"确定"按钮退出对话框。

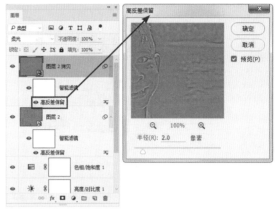

设置"图层2"的混合模式为"柔光"，以强化照片中的细节、提升其立体感。

下图所示为经过前面两次"高反差保留"命令处理前后的局部效果对比。

上面的处理是增强照片中比较大的图像区域的立体感，下面来针对更小的图像进行处理，以继续增强其细节。

11.2 制作有质感的人文照

扫码观看视频

案例概述

HDR照片的特点是可以显示出高光与暗调的细节，尤其对于人物的皮肤来说，可以呈现出非常特殊的色彩与质感，较常用于人文类照片的表现中。当然，制作类似HDR照片的效果，并一定非要使用相关的命令，本例的方法可以用更为简单的方法，实现相似的效果。如果读者想制作真正的HDR照片，可以参考本书第9章的相关讲解。

调修步骤

步骤 01 显示暗部细节

打开"第11章\11.2-素材.jpg"素材文件。

选择"图像"-"调整"-"阴影/高光"命令，在弹出的对话框中将"显示更多选项"勾选，设置各选项的参数。

在"阴影/高光"对话框中调整"中间调对比度"参数的目的是提亮暗部，使高光区变暗，增大画面的对比度。下面我们来降低图像的饱和度。

在"图层"面板底部单击创建新的填充或调整图层按钮 ⊘ ，在弹出的菜单中选择"色相/饱和度"命令，得到图层"色相/饱和度1"，在弹出的面板中设置相关参数。

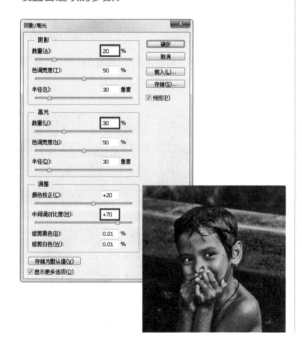

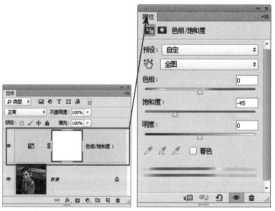

步骤02 分层次调整人物与背景的对比度

下面将结合选区及"色阶"调整图层，强化人物的对比度效果。

选择磁性套索工具 ，并在其工具选项栏上设置参数。

使用磁性套索工具沿着人物的轮廓创建选区。

提示：在使用磁性套索工具 绘制到底部边缘时，可以按住Alt键单击一次，以切换至多边形套索工具 ，再单击一次会自动切换回磁性套索工具 。

单击创建新的填充或调整图层按钮 ，在弹出的菜单中选择"色阶"命令，得到图层"色阶1"，设置弹出面板中的参数，以提高人物的对比度。

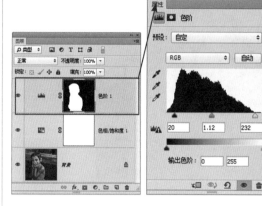

此时，对比观察人物与背景可以看出，人物的对比度较高，而背景的对比度则较低，二者显得不够协调，因此下面通过设置其图层蒙版的浓度属性，来少量提高背景的对比度。

选择"色阶1"的图层蒙版，并在"属性"面板中降低"浓度"数值，以改善人物与背景间的过渡。

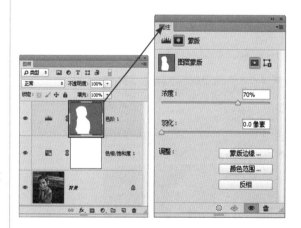

步骤 03 提高照片的细节

至此，已经基本完成了照片的色彩与对比度的调整，下面来提高照片的细节，以增强画面的表现力。

选择"图层"面板顶部的图层，按Ctrl + Alt + Shift + E组合键执行"盖印"操作，从而将当前所有的可见图像合并至新图层中，得到"图层1"。

选择"滤镜"-"其它"-"高反差保留"命令，在弹出的对话框中设置"半径"数值为5。

设置"图层1"的混合模式为"柔光"。

选择"图层"面板顶部的图层，按Ctrl + Alt + Shift + E组合键执行"盖印"操作，从而将当前所有的可见图像合并至新图层中，得到"图层2"。

选择"滤镜"-"锐化"-"USM锐化"命令，在弹出的对话框中设置适当的参数，直至得到满意的效果。

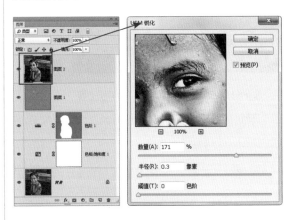

下图所示是锐化前后的局部效果对比。

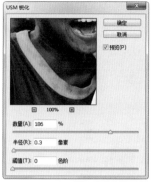

下图所示为应用"USM锐化"命令前后的局部
效果对比。

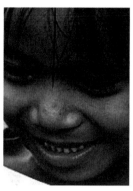

11.3　合成中灰色调人文情怀照

扫码观看视频

案例概述

本例制作的效果，比较适合人文类型或需要重点突出画面质感的照片。其画面色彩较偏向中灰色，但影调较为浓重，且带有明显的暗角效果，给人以厚重、深沉的视觉感受，因而特别适合表现深沉、有内涵的题材。在应用于人文类照片时，可以给人独特的视觉感受。

调修步骤

步骤 01 **显示阴影与高光中的细节**

打开素材"第11章\11.3-素材.jpg"。

当前照片在拍摄时略有一些逆光，因此人物较暗而背景较亮，下面先来校正此问题。

按Ctrl+J组合键复制"背景"图层得到"图层1"，在该图层名称上单击鼠标右键，在弹出的菜单中选择"转换为智能对象"命令，使后面应用于此图层的滤镜，能够生成智能滤镜，以便于进行编辑。

选择"图像"－"调整"－"阴影/高光"命令，在弹出的对话框中分别设置"阴影"和"高光"参数，以显示照片中亮部与暗部的细节，并初步调整出HDR照片的效果。

的菜单中选择"曲线"命令，得到图层"曲线1"，在"属性"面板中分别选择"红""绿""蓝"和"RGB"通道并设置参数，以改变照片的色调和对比度。

步骤 02 为照片增加暗角

按Ctrl+Alt+R组合键或选择"滤镜"－"镜头校正"命令，在弹出的对话框中选择"自定"选项卡，并在其中调整"晕影"参数，从而为照片增加暗角效果。

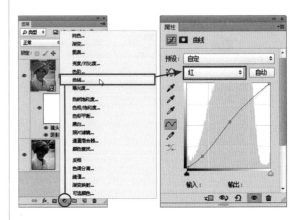

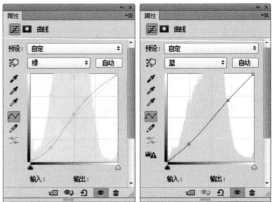

得到满意的效果后，单击"确定"按钮退出即可。

步骤 03 调整特殊色调

下面将使用"曲线"调整图层，并分别对各个颜色通道进行编辑，从而为画面增加一种特殊的色调效果。

单击创建新的填充或调整图层按钮 ◯.，在弹出

步骤 04 进一步深化色调

下面将结合"渐变映射"调整与混合模式功能，进一步强化照片的色调，使之更为厚重并突显其沧桑感。

按D键将前景色和背景色恢复为默认的黑白色，然后单击创建新的填充或调整图层按钮 ⬭ ，在弹出的菜单中选择"渐变映射"命令，得到图层"渐变映射1"，此时在"属性"面板中将自动使用从前景色到背景色（即从黑色到白色）的渐变，此时会将照片处理为黑白效果。

设置"渐变映射1"的混合模式为"柔光"，不透明度为70%，增强照片的色调。

步骤 05　锐化细节

至此，我们已经完成了对照片的曝光及色彩的处理，下面将通过锐化处理以增强照片中的细节，使照片更具视觉感染力，这也是人文类照片中非常常用的一种处理手法。

选择"图层"面板顶部的图层，按Ctrl＋Alt＋Shift＋E组合键执行"盖印"操作，从而将当前所有的可见照片合并至新图层中，得到"图层2"。

选择"滤镜"－"锐化"－"USM锐化"命令，在弹出的对话框中设置适当的参数即可。

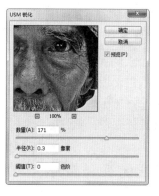

下图所示是锐化前后的局部效果对比。

第 12 章

风光照片后期处理

12.1　冷调雪景下的红艳故宫

扫码观看视频

在拍摄雪景时，最常遇到的问题就是拍摄到的照片曝光不足，尤其在未设置恰当的白平衡时，画面会显得非常灰暗。本例就利用RAW格式照片的高宽容度，对天空、白雪及建筑的色彩进行分别的美化处理。对类似本例的建筑物照片来说，首先应注意建筑物是否存在透视问题，若存在，应先校正再处理其他问题。另外，本例中的建筑物的颜色以红色为主，而天空和白雪又常处理为蓝色，以表现其冷酷的特点，因此二者刚好可以形成鲜明的色彩对比，从而增加画面的表现力。

调修步骤

步骤 01　校正透视变形

打开素材文件"第12章\12.1-素材.cr2"，以启动Camera Raw软件。

在对照片进行曝光与色彩方面的处理之前，应该首先观察照片的构图是否合理，对于建筑照片来说，常常使用广角镜头进行拍摄，以突出建筑的气势感，此时就容易产生透视变形问题，因此在进行其他处理前，应该首先解决这类问题。

选择"镜头校正"选项卡中的"手动"子选项卡，单击选项卡上方的纵向按钮 ⵔ，从而依据当前建筑线条的倾斜角度进行校正。此时可以观察网格，以确定调整的结果是否满意。

通过单击纵向按钮 ⵔ 已经得到了很好的校正结果，因此无须再手动设置参数了。如果此处讲解的方法还不能处理得到满意的结果，则可以在下方适当调整"垂直"或"水平"等参数，直至满意为止。

步骤 02　消除暗角

为了增强照片的氛围，下面来为其增加一些暗角效果。

选择"镜头校正"选项卡中的"手动"选项卡，在其中适当设置"镜头晕影"区域中的参数，直至得到满意的暗角效果。

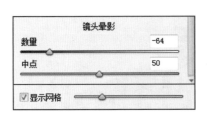

对于暗角，一部分摄影师认为这是由于镜头质量低所导致的问题，是照片中的瑕疵，因此应该将其修除；而另一部分摄影师则对这种暗角效果"情有独钟"，认为有了暗角了照片才有氛围，甚至认为没有暗角的照片是存在"缺陷"的。对于此问题，即使是在国际性的比赛中，也没有一个固定的要求，因此完全可以根据个人喜好进行选择。但要注意的是，一定不要把暗角处理得"半桶水"，也就是说，如果要加暗角，就要让暗角明显一些，让人知道这是拍摄时产生的或后期加上去的暗角；如果要消除暗角，则应该完全的将其消除，不要留有淡淡的痕迹，这会被人认为是没有处理好的瑕疵，并影响画面的美观程度。

步骤 03 优化色彩与曝光

下面开始对照片的色彩及曝光进行调整，首先，由于本例将对色彩进行较大幅度的优化调整，因此首先来选择一个适合当前这种风光类照片的相机校准预设，这样可以帮助我们在后面调整时更加顺畅，效果也会更好。

选择"相机校准"选项卡，在其中选择一个适合风光类照片的预设，如"Camera Landscape"。

下面在右侧参数区的顶部调整一下照片的色温与色调，让照片中的天空初步具有冷调色彩效果。

在右侧参数区的中间部分调整各个参数，以改善照片的曝光与对比度。

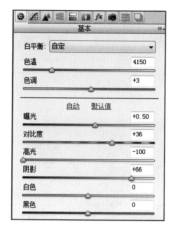

在右侧参数区的底部分别拖动各个滑块，以调整照片的色彩和立体感，并让建筑物的细节更加清晰。

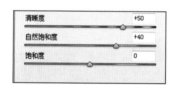

步骤 04 强化冷暖对比

通过上面的调整，照片已经具有了较好的曝光和色彩，但冷暖色彩的对比效果还不够，其中冷调色彩已经基本调整到位，而建筑物的红色则略显不足，因此下面将对其进行优化调整。

选择"HSL/灰度"选项卡，在其中选择"色相"标签，然后调整其中的参数，从而将照片中的部分蓝紫色和紫色转换为红色，使红色更加明显。

在调整饱和度较高的冷调时，较容易出现蓝紫色，可以根据实际情况选择是否校正。另外，紫色则主要是集中在红色建筑物上，为了让红色更多、更明显，因此对其进行了调整。

保持在"HSL/灰度"选项中，选择"饱和度"标签，然后调整其中的参数，以提高红色的饱和度。

红色中或多或少都会存在一定的橙色，而且当前建筑物的屋顶也存在一定的金色，因此要强化建筑物中的红色，也要顺带着将橙色强化一下。

12.2　蓝紫色调的意境剪影

扫码观看视频

案例概述

在上一例中，我们制作的是蓝色与红色的对比，除了这种两极色的对比外，蓝色与紫色的对比也是比较常见的表现形式。与蓝红对比不同的是，蓝色是冷色，而紫色是中性色，且二者在色轮中属于相邻色，因此在色彩的过渡上更为自然，尤其是紫色，能够给人梦幻、唯美的视觉感受。

在本例中，将主要通过对色温、曝光及色彩的调整，改变照片的色彩与曝光，然后配合调整曲线与HSL功能对照片中各部分的色彩及曝光进行调整，最后再修除照片中的斑点，使画面更为干净、美观，其操作步骤如下。

调修步骤

步骤 01　设置相机校准

打开素材"第12章\12.2-素材.CR2"，以启动Adobe Camera Raw软件。

在对照片进行调色处理前，首先来为其指定一个适合当前照片的相机校准，这可以帮助我们快速对照片进行一定的色彩优化，并且会影响到后面的调整结果。

选择"相机校准"选项卡，在其中选择Camera Landscape预设。

相机校准是Camera Raw软件模拟相机内部优化预设的一个称呼，对于不同的相机，其名称也不一样，尼康相机中称为优化校准，佳能则称之为照片风格。在本书中，由于是以讲解Camera Raw软件为主，因此统一按照软件的描述称之为"相机校准"。

总的来说，相机校准就是相机用以呈现照片的一种算法，即数码照片的数据由感光元件收集以后，需要经过多道程序的处理，最终才是我们所看到的照片，这其中的处理程序就包括了相机校准，它可以改变一张照片的亮度、对比度、饱和度和锐度等信息，在拍摄照片前选中不同的相机校准，可以让照片显示为差异很大的效果，选择合适的相机校准是非常重要的。比较典型的如对于画面中蓝色、绿色较多的风光照片，可在相机中选择风光相机校准，而在Camera Raw软件中，则可以选择Camera Lanscape相机校准。

当然，在Camera Raw中，相机校准只提供了相关的预设，并主要针对色彩进行调整而对比度、锐度等调整则位于其他选项卡中。

步骤 02　调整色彩与曝光

在确定了照片的相机校准预设后，下面就可以针对色彩与曝光进行细致的调整了。

选择"基本"选项卡，在右侧参数区的顶部调整一下的色温与色调，以初步确定照片整体的色调。

在本例中，是要将照片处理为蓝、紫色的对比色效果，因此要围绕这个目的设置参数，并观察调整后的效果，直至满意为止。

在确定了照片的色调后，下面来对各部分的曝光进行调整。

选择"基本"选项卡，在右侧参数区的中间部分调整各个参数，以改善照片的曝光与对比度。

继续在右侧参数区的底部分别拖动各个滑块，以调整照片的色彩，并提高照片的立体感与细节。

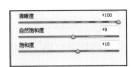

步骤03 **分别调整蓝、紫色**

至此，照片中的蓝、紫色还不够明显，尤其是天空部分，还存在一定的曝光过度问题，因此下面将使用渐变滤镜工具 分别对天空与地面部分进行调整。

选择渐变滤镜工具 ，按住Shift键从照片的顶部至中间偏下处绘制一个垂直渐变，然后在右侧面板中设置其参数。

按照上面的方法，再从下至上绘制一个渐变，然后在右侧面板中设置其参数，以调整地面的曝光与色彩，选择其他任意工具后即可隐藏渐变编辑框。

步骤04 **修除斑点**

仔细观察照片左上方，可以发现由于相机感光元件附着了灰尘，而导致的明显斑点，下面就来解决这个问题。

选择污点去除工具 ，设置适当的画笔大小（比斑点略大一些即可），然后将鼠标光标置于斑点上，单击鼠标左键即可去除斑点。

下图所示是选择其他工具后，隐藏虚线框后的效果。

12.3　蓝黄色调的魅力黄昏

扫码观看视频

案例概述

在拍摄日出或日落前后的照片时，由于环境或白平衡设置的原因，画面的色彩往往不够突出，显得较为平淡，本例将介绍通过非常简单的设置，快速为画面赋予蓝色色彩，使之变得与众不同。在处理过程中主要是利用"渐变映射"命令，为照片整体叠加一个全新的色彩，并通过图层混合模式，将该色彩与原照片融合在一起，再结合载入通道选区及"曲线"命令等功能，优化照片整体的色调。在选片时，建议选择明暗对比较好、暗部不会过多的照片，能够处理得到较好的效果。

调修步骤

步骤 01　叠加渐变

打开素材"第12章\12.3-素材.jpg"。

单击创建新的填充或调整图层按钮 ⊙，在弹出的菜单中选择"渐变映射"命令，创建得到"渐变映射1"调整图层，然后在"属性"面板中选择默认的紫、橙渐变。

设置"渐变映射1"的混合模式为"强光"，使叠加的颜色与照片融合在一起。

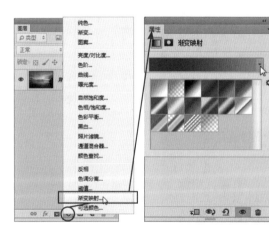

步骤 02 **优化照片高光**

提示：叠加色彩后，色彩有了大幅的改变，但同时也显得有些对比度不足，整体不够通透，下面来解决这个问题。

下面再来优化一下照片高光区域的亮度。按Ctrl+Alt+shift+2组合键载入RGB通道中高光区域的选区。

画面的对比。

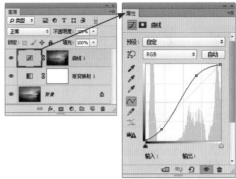

单击创建新的填充或调整图层按钮 ，在弹出的菜单中选择"曲线"命令，创建得到"曲线1"调整图层，然后在"属性"面板中设置参数，以增强

12.4　壮观的火烧云

扫码观看视频

案例概述

火烧云是每个摄影师都渴望拍摄到的美景之一，但由于时间、环境等多方面的限制，往往很难遇到各方面因素都完美的情况。本例就来讲解如何对严重偏色且曝光不均匀的照片进行一系列校正处理，使其形成壮观的火烧云效果。

调修步骤

步骤 01 **校正偏色**

打开素材"第12章\12.4-素材.JPG"。

如前所述，本例的照片存在较严重的偏色问题，下面将利用"色阶"调整图层对其进行初步的校正处理。

单击创建新的填充或调整图层按钮 ，在弹出的菜单中选择"色阶"命令，创建得到"色阶1"调整图层，然后在"属性"面板中选择灰色吸管。

在照片右上方的位置单击，以改变照片的颜色。要得到满意的效果往往要多尝试几次。

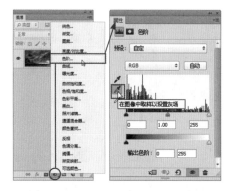

保持在"色阶"命令的"属性"面板中，向左侧拖动灰色滑块，以提高照片的亮度。

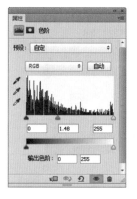

步骤 02 **细调照片色彩**

通过上一步的调整，已经初步校正好照片的色彩，但还有进一步改善的空间，下面就来进行处理。

单击创建新的填充或调整图层按钮 ●.|，在弹出的菜单中选择"曲线"命令，创建得到"曲线1"调整图层，然后在"属性"面板中设置参数，以改善照片的色彩。

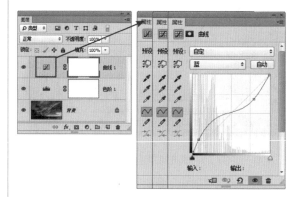

步骤 03 **调整局部曝光**

观察照片右下角的水面色彩可以看出，这里与其他区域不同，下面就来解决这个问题。在调整过程中，应注意观察右下角的色彩与调整前的其他图像相匹配。

单击创建新的填充或调整图层按钮 ●.|，在弹出的菜单中选择"曲线"命令，创建得到"曲线2"调整图层，然后在"属性"面板中设置参数。

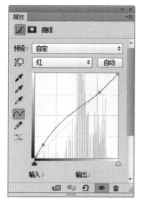 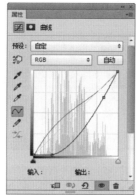

选中"曲线2"的图层蒙版，按Ctrl+I组合键执行"反相"操作，从而将其中的白色转换为黑色。设置前景色为白色，选择画笔工具 并在照片右下角处进行涂抹，直至右下角区域与其他区域相匹配为止。

此时按住Alt键单击图层蒙版的缩览图，可以查看其中的状态。

此时的右下角仍然有一些与其他区域不匹配，下面再来稍微做进一优化。

新建一个图层得到"图层2"，设置此图层的混合模式为"柔光"，设置前景色为黑色，选择画笔工具 并设置适当的画笔大小及较低的不透明度，在右下角处进行涂抹，直至得到满意的效果为止。

步骤04 消除噪点

由于对照片进行了大幅的提亮处理，因此放大显示照片时，会显示出较多的噪点，下面就来解决这个问题。

按Ctrl+Alt+Shift+E组合键将所有的图像合并至新图层中，得到"图层2"。

选择"滤镜"-"杂色"-"减少杂色"命令，在弹出的对话框中选中"整体"标签并进行参数设置。

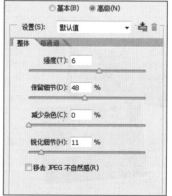

仅仅通过对整体的降噪处理，结果并不是很理想，因此下面分别对各通道再进行降噪处理，以进一步消除照片中的噪点。

选择"每通道"标签，在其中分别选择噪点较多的"红"通道和"绿"通道进行调整。

下图所示是调整前后的局部对比效果。

下图所示是此时的"图层"面板。

12.5 红艳色调的靓丽夕阳

扫码观看视频

案例概述

红艳似火的夕阳是每个摄影师都渴望拍摄到的美景之一，但由于时间、环境等多方面的限制，往往很难遇到各方面因素都完美的情况。本例就来讲解通过创意合成的方式，手工"创造"出一幅夕阳美景的画面。

调修步骤

步骤 01 合成云彩

打开素材文件"第12章\12.5-素材1.jpg"。

在本例中，将要替换此照片中的天空部分，因此首先需要将其选中，以便于执行后面的合成处理。

使用快速选择工具 并设置适当的画笔大小，在天空区域拖动多次，直至将其完全选中为止。

在使用快速选择工具 执行了第一次的拖动选择操作后，会自动切换至添加到选区模式，用户只需要继续在其他位置涂抹即可执行加选操作。若选中了多余的图像，可以按住Alt键进行涂抹，以减去该区域。

打开素材文件"第12章\12.5-素材2.jpg"。

按Ctrl + A组合键执行"全选"操作，以选中当前的所有图像。按Ctrl + C组合键执行"拷贝"操作，返回素材1文件中，按Ctrl + Shift + V组合键执行"贴入"操作，从而将刚刚拷贝的图像粘贴至当前的选区中，得到"图层1"。

按Ctrl+T组合键调出自由变换控制框，按住Shift键将其缩小至适当的尺寸，并适当调整其位置。

素材2中的云彩照片包含有地面元素，在调整位置时，可以适当露出少量地面，这样看起来远处地平线处存在一定的剪影，可以让画面显得更加丰富，同时也能够很大程度上让云彩图像与原图像更好地融合在一起，避免生硬感。

完成变换操作后，按Enter键确认即可。

在使用"贴入"命令将图像粘贴至选区中时，实际上是利用选区为该图像创建了一个图层蒙版，从而限制图像的显示范围。而且在执行此命令后，图层缩览图与图层蒙版之间是没有链接在一起的，因此可以单独对图像（选中图层缩览图状态下）单独进行缩放处理。若图层缩览图与图层蒙版处于链接关系，则对同时对二者中的图像进行变换处理。

步骤 02 调整水面色彩

通过上一步的操作，已经基本确定了照片的内容，而且云彩图像的在色彩、曝光方面都很好，因此下面将以云彩图像为准，对其他图像进行色彩和曝光方面的优化处理。首先，我们就来对水面进行调整，使之与云彩的暖调色彩相匹配。

选择魔棒工具  并在其工具选项栏上设置适当的参数。

按住Shift键并使用魔棒工具，在水面上单击多次，直至将水面完全选中为止。

单击创建新的填充或调整图层按钮 ，在弹出的菜单中选择"曲线"命令，得到图层"曲线1"，在"属性"面板中分别选择"红""绿"和"蓝"通道并设置其参数，以调整图像的颜色及亮度。

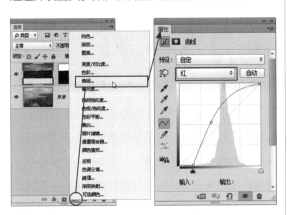

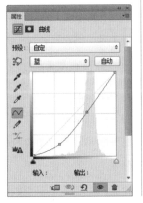

步骤 03 调整整体色彩

通过上面的调整，照片各部分的色彩已经较为匹配，但就整体来说，仍然显得暖调效果不够浓郁，下面就来对其行强化调整处理。

单击创建新的填充或调整图层按钮 ，在弹出的菜单中选择"色彩平衡"命令，得到图层"色彩平衡1"，在"属性"面板中设置其参数，以增强照片的暖调色彩。

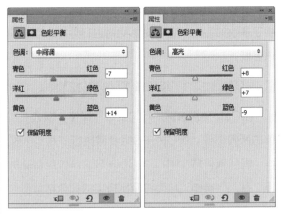

步骤 04 修正局部亮度

至此，照片整体的色彩及曝光已经基本调整完毕。但仔细观察地面部分的景物可以看出，部分景物较亮，画面显得有些散乱，焦点不够突出，下面就对其进行压暗处理。

选择"图层"－"新建"－"图层"命令，在弹出的对话框中设置其参数。

单击"确定"按钮退出对话框，即可创建得到一个由中性色填充的图层，并设置了"柔光"混合模式。

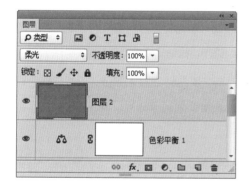

经过上述的新建图层操作之后，虽然填充了颜色，但画面并没有任何变化，这是由于该图层中填充了中性灰色，并设置了"柔光"混合模式，该混合模式刚好可以将中性灰色完全过滤掉，其意义在于，后面我们可以使用画笔工具 在照片中局部过亮的部分涂抹暗色（亮度低于中性灰色），这样就可以非常方便地对局部进行调暗处理。

选择画笔工具 并在其工具选项栏上设置适当的参数。

设置前景色为黑色，使用画笔工具 在景物中过亮的位置进行涂抹，以将其调暗。

下图所示是将"图层1"的混合模式设置为"正常"时的状态。

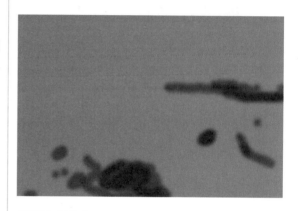

步骤 05 制作太阳

下面来为地平线处添加一个明亮的太阳，使画面显得更加丰富、饱满，同时也可以弥补当前画面中缺少明暗对比度的问题。

单击创建新的填充或调整图层按钮 ，在弹出的菜单中选择"渐变填充"命令，在弹出的对话框中设置渐变和相应的参数。

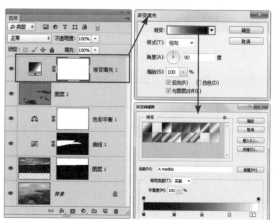

单击"确定"按钮退出对话框，即可初步创建得到一个太阳效果的渐变，并得到对应的图层"渐变填充1"。

此处利用径向渐变制作的太阳，其中心的白色就是太阳中心，大小可根据个人喜好或画面的表现需要进行适当的调整。

提示：在"渐变填充"对话框中，所使用的渐变从左至右各个色标的颜色值依次为000000、501d00、b45407、ffa517、ffe8a2和ffffff。

为了让渐变与下面的照片融合在一起，此处需要将"渐变填充1"的混合模式设置为"滤色"。

设置混合模式后，可以看出渐变已经变成了发光太阳的效果，但其位置是错误的，正确的应该是位于地平线处，下面就来调整太阳的位置。

双击"渐变填充1"的缩览图，调出"渐变填充"对话框，然后将鼠标光标置于照片中，拖动以调整太阳的位置即可。完成后，单击"确定"按钮退出对话框即可。

步骤06 **擦除多余的太阳光辉**

当前的太阳光辉是后期合成的平面光，因此并不能体现真实的光照效果。例如，当前太阳光覆盖了前景和中景的景物，使得画面的空间关系有些怪异，而正常情况下，近景中的景物是无法或很难受到如此强烈的光辉照射的；再如中景处的景物属于逆光拍摄，即使环境光较明亮，太阳光辉也难以覆盖此处。因此，下面需要对各部分的太阳光辉进行擦除处理。首先，我们来处理近景处的太阳光辉。

选择"渐变填充1"的图层蒙版，设置前景色为黑色，选择画笔工具并在其工具选项栏上设置适当的参数。

使用画笔工具在近景处的光辉上进行涂抹，直至将其擦除。

擦除光辉并不是要将所有的光辉都抹掉，可以适当留有少量的光辉，因为原照片中并没有太阳，因此也没有从太阳方向照射而来的光线，而在添加

了太阳后，部分景物受到光线的影响，在色调和
亮度上都会有一定的变化，因此，适当保留一些光
辉，可以让照片看起来更加自然、真实。

按住Alt键并单击"渐变填充1"的图层蒙版可以
查看其中的状态。

下面再来处理中景上的太阳光辉，其操作方法
与上述操作基本相同，但由于此处景物边缘较为规
则，因此需要先将其选中，然后再执行编辑处理。

选择磁性套索工具 ⾪ 并在其工具选项栏上设置
适当的参数，然后沿着中景图像的边缘绘制选区，
此处只需要将与太阳光辉重叠的部分选中即可。

此处绘制的选区只需要尽量选中中景图像即
可，尤其对于水面部分，由于边缘反差较小，可能
会选中多余的图像，后面会对其进行修正处理。

选择"渐变填充1"的图层蒙版，按照前面讲解
的方法，在选区内进行涂抹，直至擦除掉部分太阳
光辉，然后按Ctrl+D组合键取消选区即可。

按住Alt键并单击"渐变填充1"的图层蒙版可以
查看其中的状态。

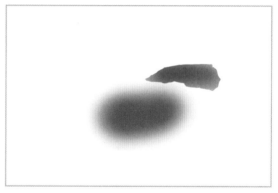

下面来修正边缘的一些细节，使其过渡的更加
自然。

选择"渐变填充1"的图层蒙版，按照前面讲解
的方法，在中景处较为生硬的边缘上涂抹，直至各
部分图像之间过渡自然。

按住Alt键并单击"渐变填充1"的图层蒙版可以
查看其中的状态。

步骤 07 为整体增加暖光氛围

至此，照片的合成、调整等处理已经基本完成，但由于是分别针对各部分进行的调整，而且还加入了云彩素材，各部分之间难免会有少量的不匹配问题，因此最后我们再对照片整体进行一个调色处理，使各部分图像更加融合、统一。

选择"图层"面板顶部的图层，按Ctrl＋Alt＋Shift＋E组合键执行"盖印"操作，从而将当前所有的可见图像合并至新图层中，得到"图层3"。

选择"滤镜"－"渲染"－"光照效果"命令，在"属性"面板中设置灯光的属性，并适当调整灯光的大小和位置。

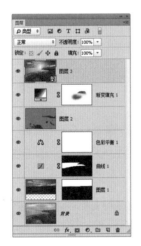

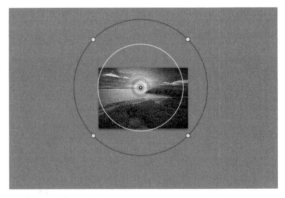

设置完成后，单击工具选项栏中的"确定"按钮退出即可。

12.6　湛蓝天空映衬下的碧绿北极光

扫码观看视频

案例概述

北极光可以视为一种形态较为鲜明、色彩较为鲜艳的雾气，在拍摄时较难精确把握其曝光，因此比较保险的做法就是以略微不足的曝光进行拍摄，然后通过后期处理对其进行美化。在前期以较为正常的曝光拍摄到极光之后，那么后期处理部分就较为简单的，主要就是对其整体的以及绿色的北极光分别进行曝光及色彩进行适当的润饰。但要注意的是，由于北极光相对较亮，因此以略微曝光不足的曝光拍摄后，画面其他区域容易显得曝光不足，此时要注意对其进行适当的恢复性处理，如果因此产生了噪点，还要注意进行降噪及适当的锐化处理。

调修步骤

步骤 01　设置相机校准

　　打开素材"第12章\12.6-素材.NEF"，以启动Adobe Camera Raw软件。

　　在"相机校准"选项卡的"名称"下拉列表中，选择"Camera Neutral"选项，使画面变得更为柔和。

Camera Neutral相机校准比较适用于花朵、树木等自然景物类照片，由于本例照片中的极光是以绿色为主，因此这里使用Camera Neutral预设对其进行校准，使绿色更加自然。

步骤 02　优化照片的曝光与色彩

　　当前照片整体显得较为灰暗，下面将通过"基本"选项卡中的参数对整体进行优化处理。

　　在"基本"选项卡中间处分别调整"曝光"及"对比度"等参数，以优化照片的曝光。

在"基本"选项卡上方区域分别调整"色温"与"色调"参数，从而改善照片中的色彩。

向右拖动"清晰度"滑块，以提高照片中各元素的立体感。

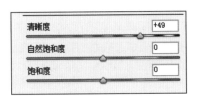

步骤 03 调整高光区域的色彩

对于当前的照片，我们是要将其调整为以绿色极光为主体，而其他区域则调整为以冷调为主的色彩。
下面就来先将以地面为主的区域调整为冷调。

在"分离色调"选项卡中，分别拖动"色相"和"饱和度"滑块，以改变地面区域的色彩。

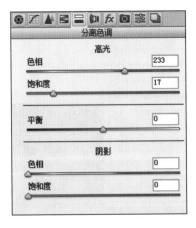

选择"HSL/灰度"选项卡的"饱和度"子选项卡，然后分别拖动其中的各个滑块，以改善地平线附近
的色彩。

步骤 04 **深入调整色彩**

通过前面的处理，照片已经基本调整好了一个曝光与色彩的雏形，由于天空与地面的色彩差异、曝光差异都比较大，因此下面将在此基础上，分别对天空与地面进行深入的调整。

选择线性渐变工具 ，按住Shift键从画面上方至下方中间处绘制渐变，并在右侧面板中设置其参数，以大幅提高天空中极光的视觉效果。

按照上述方法，再从下向上方中间处绘制一个线性渐变，并在右侧面板中重新设置参数，以调整地面区域的曝光与色彩。

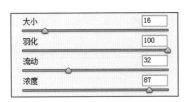

步骤 05 调整地面的曝光和色彩

通过上面的调整，天空与地面都具有了较好的曝光与色彩效果，但相对来说，地面仍然存在一些曝光和色彩方面的问题，而且由于地面是由雪地和冰面组成，两者的曝光差异非常大，需要对它们分别进行处理，下面就来讲解具体的调整方法。

选择调整画笔工具 并在右侧底部设置适当的画笔大小等参数，然后在雪地上进行涂抹，以确定要调整的范围，此时默认情况下会将之前对线性渐变所设置的参数应用于所涂抹的区域。

在右侧面板中重新设置调整画笔的参数，直至得到较好的效果。

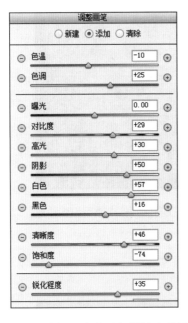

在调整过程中，要注意避免雪地出现曝光过度的问题，而且由于照片是在晚上拍摄的，因此曝光值不宜设置过高，以免失真。

下面来继续调整左侧冰面上的图像，首先需要在右侧顶部选择"新建"选项，从而在下面涂抹时，创建一个新的独立的调整范围。

使用调整画笔工具 ✐ 在左侧冰面上涂抹，以确定调整范围，然后在右侧面板中设置适当的参数，直至得到满意的效果。

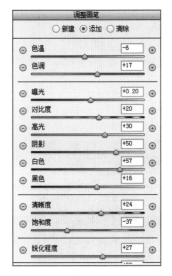

步骤 06 降噪与锐化

至此，照片的润饰处理已经基本完成，对于当前的照片来说，由于是在午夜拍摄的，而且使用了 ISO320、15s 的曝光参数，因此不可避免的会产生噪点，下面就来对照片进行降噪处理。

将照片的显示比例放大至 100%，以观察其局部。

在"细节"选项卡中设置"减少杂色"区域中的参数，从而消减照片中的噪点。

继续在"锐化"区域中调整参数，以提高照片的细节。

12.7 使用堆栈合成国家大剧院完美星轨

扫码观看视频

案例概述

传统的星轨拍摄，要通过几十分钟或数百分钟的曝光拍摄得到星星运行的轨迹，这种方法具有明显的缺陷，如曝光结果不可控、易形成光污染、易产生噪点等。堆栈法是近年非常流行的一种拍摄星轨的技术，摄影师可以以固定的机位及曝光参数，连续拍摄成百上千张照片，然后通过后期合成为星轨效果，这种方法合成得到的星轨，可以有效避免传统方法的拍摄问题。

调修步骤

步骤 01　将照片载入堆栈

在本例中，我们将连续拍摄的704张照片，通过堆栈处理合成得到星轨效果。

选择"文件"－"脚本"－"将文件载入堆栈"命令，在弹出的对话框中单击"浏览"按钮。

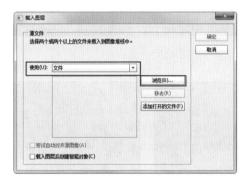

在弹出的"打开"对话框中，打开素材文件夹"第12章\12.7-素材"。按Ctrl+A组合键选中所有要载入的照片，再单击"打开"按钮以将其载入到"载入图层"对话框，并注意一定要选中"载入图层后创建智能对象"选项。

单击"确定"按钮即可开始将载入的照片堆栈在一起并转换为智能对象。

提示：若在"载入图层"对话框中，忘记选中"载入图层后创建智能对象"选项，可以在完成堆栈后，选择"选择"－"所有图层"命令以选中全部的图层，再在任意一个图层名称上单击鼠标右键，在弹出的菜单中选择"转换为智能对象"命令即可。

选中堆栈得到的智能对象，再选择"图层"－"智能对象"－"堆栈模式"－"最大值"命令，并等待Photoshop处理完成，即可初步得到星轨效果。

当前智能对象图层是将所有的照片文件都包含在其中，因此该图层会极大地增加文件保存的大小，在设置了堆栈模式，确认不需要对该图层做任何修改后，可以在其图层名称上单击右键，在弹出的菜单中选择"栅格化"命令，从而将其转换为普通图层，这样可以大幅降低以PSD格式保存时的文件大小。

步骤 02　调整天空的曝光

通过上面的操作，我们已经基本完成了星轨的合成，此时照片整体仍然存在严重的曝光不足的问题，下面来进行初步的校正处理。

按Ctrl+J组合键复制图层"IMG_3684.JPG"得到"IMG_3684.JPG 拷贝",并设置其混合模式为"滤色",以大幅提亮照片。

步骤03 提高立体感

在初步调整了照片整体的曝光后,照片中的星轨仍然不够明显,因此下面先来增强各元素的立体感,以尽可能显现出更多的星轨。

选择"图层"面板顶部的图层,按Ctrl + Alt + Shift + E组合键执行"盖印"操作,从而将当前所有的可见图像合并至新图层中,得到"图层1"。

选择"滤镜"-"其它"-"高反差保留"命令,在弹出的对话框中设置"半径"数值为3,单击"确定"按钮退出对话框。

设置"图层1"的混合模式为"强光",以大幅增强各元素的立体感。

下图所示为锐化前后的局部效果对比。

通常情况下,要增强各元素的立体感,只需要设置"柔光"或"叠加"混合模式即可,但由于此处的操作目的是希望尽量显示出更多、更强的星轨,因此设置了效果最强烈的"强光"混合模式。

通过上面的处理后,画面中的星轨线条变得更加明显了,但随之而来的是,噪点也变得更加明显了,这个问题我们会留在最后进行统一的处理。

步骤04 调整照片色彩

至此,我们已经初步调整好画面的曝光,而且尽可能地强化了星轨的线条,此时画面最大的问题就是色彩非常灰暗且对比度不足,下面就来对其进行润饰处理。要注意的是,由于天空和地面建筑之间的曝光差异较大,无法一次性完成对二者的处理,因此这里将先对天空进行处理,暂时不用理会对建筑物的影响。

单击创建新的填充或调整图层按钮 ⊘.，在弹出的菜单中选择"曲线"命令，得到图层"曲线1"，在"属性"面板中设置其参数，以提高画面的对比度。

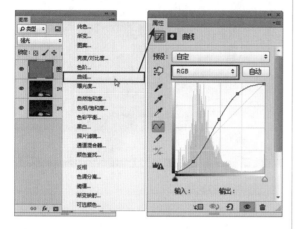

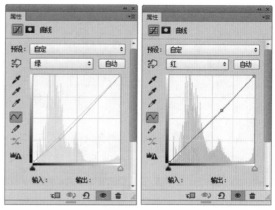

在初步调整好画面的对比度后，下面继续调整其色彩，这里仍然在"曲线1"调整图层中完成此操作。

双击"曲线1"调整图层缩览图，在其"属性"面板中分别选择"红""绿"和"蓝"通道并调整曲线，直至得到满意的色彩效果。

下面来进一步强化画面的色彩。

单击创建新的填充或调整图层按钮 ⊘.，在弹出的菜单中选择"自然饱和度"命令，得到图层"自然饱和度1"，在"属性"面板中设置其参数，以调整图像整体的饱和度。

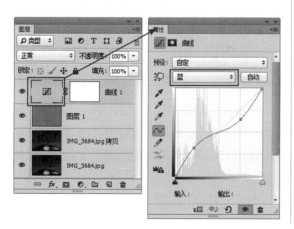

观察照片可以看出，此时的天空仍然显得比较"平"，缺少具有层次感的亮度渐变过度，下面就来模拟这种效果。

设置前景色为黑色，单击创建新的填充或调整图层按钮 ，在弹出的菜单中选择"渐变"命令，在弹出的对话框中设置参数，单击"确定"按钮退出对话框，同时得到图层"渐变填充1"。

在上面的操作中，提前将前景色设置为黑色，是因为在创建"渐变填充"图层后，会自动以"从前景色透明"的渐变进行填充，也就是我们所需要的从黑色到透明的渐变，这样可以快速设置好渐变，提高工作效率。

设置"渐变填充1"的混合模式为"柔光"，不透明度为30%，以制作出天空的明暗过渡效果。

步骤05 抠选原始建筑

至此，我们已经基本完成了对天空的处理，在下面的操作中，将开始调整建筑的曝光与色彩。这里是使用原始的照片进行处理。

隐藏除底部的"IMG_3684.JPG"以外的图层。选择磁性套索工具 并在其工具选项栏上设置适当的参数。

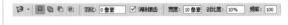

使用磁性套索工具 沿着建筑边缘绘制选区，以将其选中。

选择底部的图层"IMG_3684.JPG"，按Ctrl+J组合键将选区中的图像复制到新图层中，得到"图层2"，将其移至所有图层的上方，并显示其他图层。

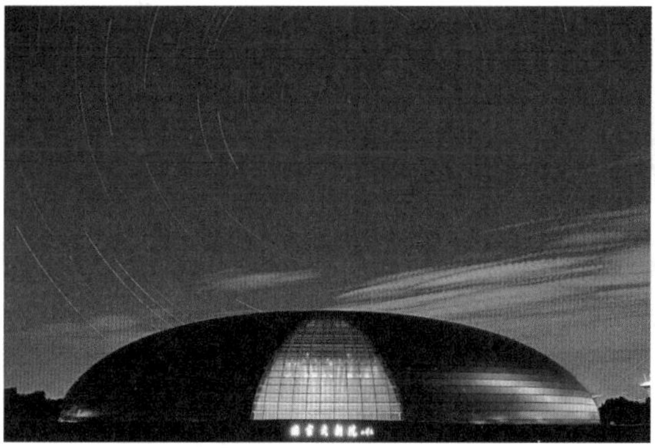

步骤 06 调整建筑物的曝光与色彩

下面来调整建筑物的曝光。当前的建筑物较暗，因此首先来显示出更多的暗部细节。

选择“图像”-“调整”-“阴影/高光”命令，在弹出的对话框中设置参数，以显示出更多的暗部细节。

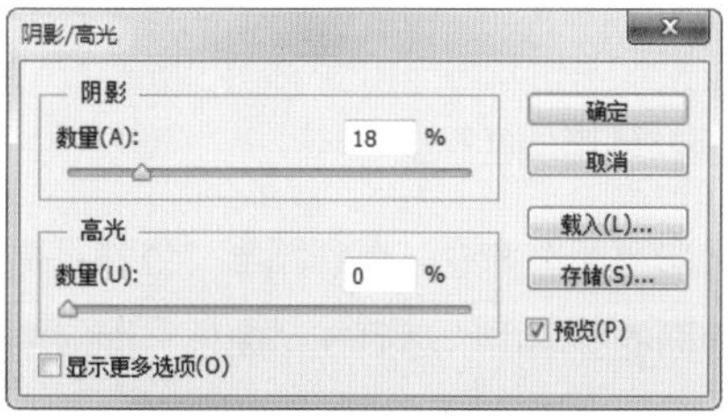

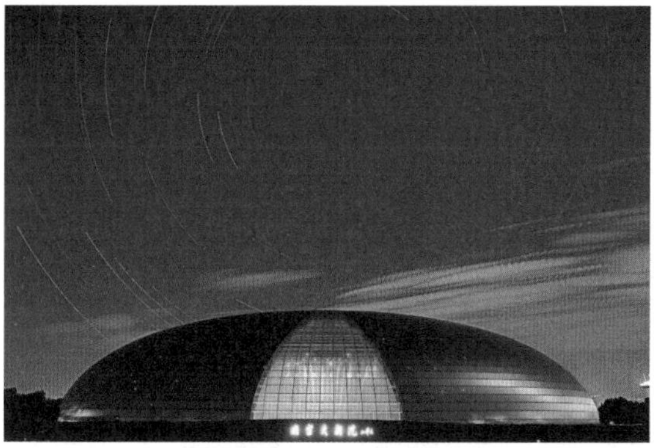

在初步调整好建筑物的曝光后，下面来对其色彩进行调整。要注意的是，除了要保证对建筑物本身的色彩进行强化外，还需要根据天空的色彩，进行适当的匹配调整。

单击创建新的填充或调整图层按钮 ，在弹出的菜单中选择“曲线”命令，得到图层“曲线2”，按Ctrl + Alt + G组合键创建剪贴蒙版，从而将调整范围限制到下面的图层中，然后在“属性”面板中设置其参数，以调整建筑物的色彩。

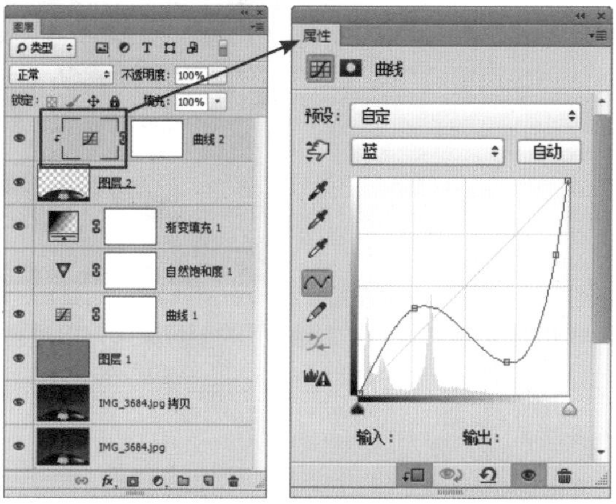

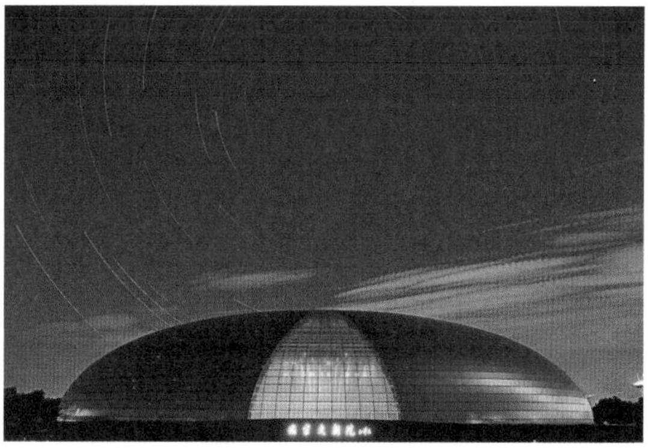

调整后的建筑物色彩偏蓝的部分过多，且右侧高光区域的黄色也显得过多，因此下面来进行局部的弱化处理。

选择画笔工具 并在其工具选项栏上设置适当的参数。

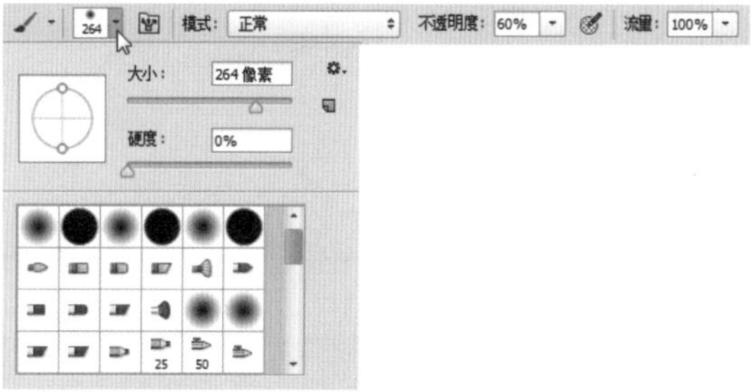

选择“曲线2”的图层蒙版，设置前景色为黑色，使用画笔工具 在左、右两侧的建筑物上进行涂抹，直至得到满意的效果。

按住Alt键并单击"曲线2"的图层蒙版可以查看其中的状态。

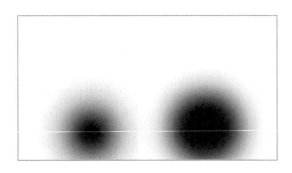

下面来继续调整色彩，使建筑物上略有一些紫色调效果，欲与画面整体更加匹配。

单击创建新的填充或调整图层按钮 ⊙.，在弹出的菜单中选择"色彩平衡"命令，得到图层"色彩平衡1"，按Ctrl + Alt + G组合键创建剪贴蒙版，从而将调整范围限制到下面的图层中，然后在"属性"面板中设置其参数，以调整建筑物的颜色。

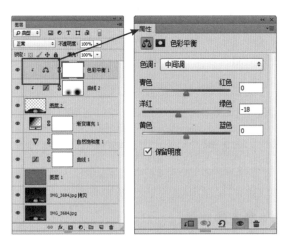

至此，画面的色彩已经基本调整好，但整体看来，其对比度仍显得有些不足，下面来进行适当的强化处理。

单击创建新的填充或调整图层按钮 ⊙.，在弹出的菜单中选择"亮度/对比度"命令，得到图层"亮度/对比度1"，按Ctrl + Alt + G组合键创建剪贴蒙版，从而将调整范围限制到下面的图层中，然后在"属性"面板中设置其参数，以调整图像的亮度及对比度。

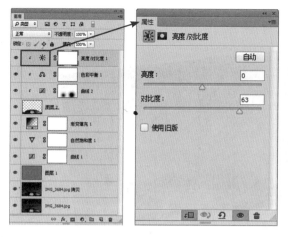

步骤 07　消除噪点

至此，我们已经基本完成了对星轨照片的处理，以100%显示比例仔细观察可以看出，照片中存在一定的噪点，天空部分尤为明显，下面就来解决这个问题。这里使用的是Noiseware插件进行处理。

选择"图层"面板顶部的图层，按Ctrl＋Alt＋Shift＋E组合键执行"盖印"操作，从而将当前所有的可见照片合并至新图层中，得到"图层3"。

在"图层3"的名称上单击鼠标右键，在弹出的菜单中选择"转换为智能对象"命令，从而将其转换成为智能对象图层，以便于下面对该图层中的照片应用及编辑滤镜。

选择"滤镜"－"Imagenomic"－"Noiseware"命令，在弹出的对话框左上方，选择"夜景"预设，即可消除照片中的噪点，并能够较好的保留细节。

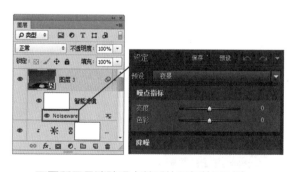

下图所示是消除噪点前后的局部效果对比。

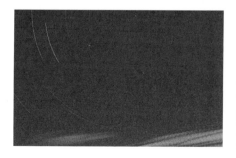

12.8 用StarsTail制作出完美星轨

扫码观看视频

案例概述

StarsTail插件有一个非常重要的功能——堆栈，它可以帮助摄影师轻松地合成出星轨效果。相比传统的拍摄法以及9.1节中的Photoshop堆栈法，该插件主要有两大优势：一是只需要拍摄1张照片即可实现星轨效果；二是该插件可以制作出多种星轨效果，除了传统的圆形星轨外，还可以制作出螺旋状、彗星状、淡入与淡出等效果，虽然这已经在很大程度上偏离了摄影的本质，但其炫酷的效果，仍然被很多摄影爱好者所追捧。

调修步骤

步骤 01 消除噪点

打开素材"第12章\12.8-素材1.JPG"。

在弱光环境下拍摄的照片，即使使用较低的感光度拍摄，也容易产生噪点，这些噪点会在合成星轨时会对结果产生很大的影响。本例的照片较暗，因此其中的噪点并不太明显，但通过上一节的案例可以看出，在最终进行合成并大幅提亮后，画面中是产生了非常多的噪点的。单从本例的素材照片来看，我们可以适当对照片进行提亮，然后观察其中的噪点。

调亮并放大显示本例的素材可以看出，存在较多的噪点，因此需要先将其消除。为了便于观察效果，下面将保留上面的"曲线1"调整图层，直至噪点处理完毕。

选择"滤镜"-"模糊"-"表面模糊"命令，在弹出的对话框中设置参数，以消除照片中的噪点。

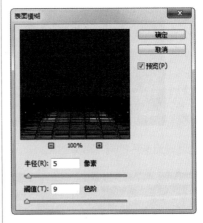

下图所示是消除噪点前后的局部效果对比。

"表面模糊"命令可以自动检测照片的边缘并进行平滑处理，因此对于本例这种背景较为纯净的照片来说，可以很好地消除其中的噪点。

消除噪点的同时，下方建筑图像也损失了很多细节，不过没关系，因为建筑是在后面要单独处理的，此处只是要消除天空的噪点。

步骤 02　强化星光

本例照片中的星光不够明亮，这会在很大程度上影响最终的星轨效果，因此下面先对星光进行适当的提亮处理。

按Ctrl+J组合键复制"背景"图层得到"图层1"，并设置其混合模式为"滤色"。

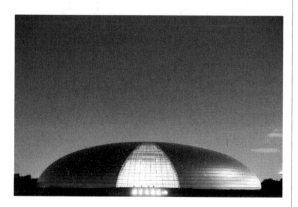

选择"图层1"，单击添加图层样式按钮 **fx.**，在弹出的菜单中选择"混合选项"命令，在弹出的对话框底部，按住Alt键单击"本图层"中的黑色三角滑块，使之变为两个半三角滑块，再分别拖动

这两个半三角滑块，得到满意的融合效果后，单击"确定"按钮退出对话框。

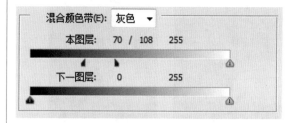

下图所示为提亮前后的局部效果。

此处的变化虽然不是十分明显，但却是很有必要的，否则最终合成出的星轨会显得线条较细，且不够明亮。

至此，我们已经完成了对噪点及星光的处理，所以不再需要"曲线1"对照片进行提亮了，可以将其删除。

此时，照片右下角还有一个非常明亮的灯塔，这是多余的元素，下面来将其修除。

选择"图层"面板顶部的图层，按Ctrl＋Alt＋Shift＋E组合键执行"盖印"操作，从而将当前所有的可见图像合并至新图层中，得到"图层2"。

使用矩形选框工具 **[□]** 将灯塔选中。选择"编辑" – "填充"命令，在弹出的对话框的"使用"下拉列表中选择"内容识别"选项，其他参数保持默认，然后单击"确定"按钮退出对话框，并按Ctrl+D组合键取消选区即可。

在使用StarsTail插件制作星轨效果时，会对照片中的亮部进行计算，因此照片中的亮部越多，处理速度就越慢。对本例来说，前景中的建筑物是不需要参与制作星轨效果的，但它又存在大量的亮部细节，会在很大程度上影响处理的速度，因此下面先来将其选中并填充为黑色。

使用快速选择工具 ✔ 在建筑物上拖动，直至选中建筑物。

设置前景色为黑色，按Alt+Delete组合键填充选区，然后按Ctrl+D组合键取消选区。

步骤 04 **增加星光的数量**

如前所述，本例素材照片中的星光较少，因此很难合成出较好的星轨效果（这是笔者已经实验过得出的结论），因此下面先为照片增加一些星光。

对于添加星光的方法，主要有两种思路，其一是使用画笔工具 ✔ 以较小的画笔及适当的不透明度进行绘制，以模拟星光的大小及明暗变化，但如果把握得不好，容易使星光显得很假；另一个思路是利用现有的星光进行复制，可以保证星光的真实性，但技术上略为麻烦一些。这里以第二个思路为例进行讲解。

选择"图层"面板顶部的图层，按Ctrl + Alt + Shift + E组合键执行"盖印"操作，从而将当前所有的可见图像合并至新图层中，得到"图层4"。

画面右下角的云彩是不需要的，因此下面先将其修除。

按照本例步骤02中修除灯塔的方法，将右下方的云彩修除。

选择"编辑"－"变换"－"水平翻转"命令，并设置"图层4"的混合模式为"变亮"，以增加星光的数量。

复制"图层4"得到"图层4拷贝"，并移动其中图像的位置。

可以看出，由于移动位置后，"图层4拷贝"中图像的亮部覆盖了黑色的建筑，且亮部保留了下来，下面需要将其清除，仅保留星光。

按照步骤02的方法，使用"混合选项"命令对多余的亮部进行过滤即可。

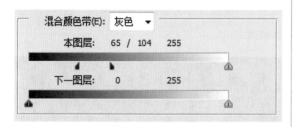

按照上述方法，继续复制更多的图层，并适当调整其位置，直至得到较为丰富的星光效果。

"图层5"是执行"盖印"操作得到的，并在此基础上执行了"垂直翻转"处理，为了模拟星光的强弱变化，还设置了一定的不透明度。

步骤05 确定中心坐标

坐标用于确定星轨的中心点。摄影师可根据构图和表现的需要，任意设置其中心点，下面就以本例的照片来例，讲解确定中心点的方法。

按F8键或选择"窗口"-"信息"命令以显示"信息"面板，将鼠标光标置于要作为星轨中心点处，并观察"信息"面板中的位置属性。

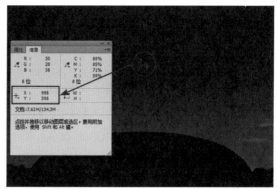

步骤06 制作图层

通过前面的操作，我们已经准备好了要制作星轨的照片，下面就开始复制多个图层，以备StarsTail插件使用。为了便于操作，笔者录制了一个动作组，其中包含了一些常用的复制图层的数量，摄影师只需要选择一个动作并播放，即可快速复制得到相应数量的图层了。

要注意的是，由于前面做了较多的操作，对照片进行基础处理，为了便于以后修改，因此建议将之前的文件单独保存起来，然后选择"图层"-"拼合图像"命令，将所有图层拼合在一起，再继续下面的操作即可。

打开素材"第10章\12.8-素材2.atn"，在"动作"面板中载入该动作。选择"复制300个"动作，并单击播放选定的动作按钮 ▶ ，以复制得到300个图层。

步骤 07　使用StarsTail插件制作星轨

选择"窗口"－"扩展功能"－"StarsTail"命令，以调出StarsTail面板。

在StarsTail面板中选择"堆栈"选项卡，再单击"旋转效果"按钮，在弹出的对话框中设置其参数，这里是将中心坐标取整数为1000、400。

设置参数完成后，单击"确定"按钮，即可开始合成星轨，直至完成为止。

处理完成后，按Ctrl+Shift+E组合键将所有图层合并即可。

在使用StarsTail插件制作星轨的过程中，最耗费时间的就是合成星轨以及合并图层这个操作，复制的图层越多，处理的时间也就越长。

值得一提的是，如果在前面没有执行消除噪点、增加星光操作，则部分噪点也会变为螺旋状，线条非常凌乱，影响星轨效果的表现，且星轨的线条会很少。

步骤 08　调整照片的曝光与色彩

在完成星轨合成后，可以将本例的原素材打开，将其拖至星轨文件中，再使用步骤02的方法将建筑单独抠选出来，然后结合"曲线""自然饱和度"及"色彩平衡"等调整图层，对照片的曝光与色彩进行美化即可，其操作方法与9.1节的方法基本相同，故不再详细讲解。

12.9　将暗淡夜景处理为绚丽银河

扫码观看视频

案例概述

在拍摄天空中的银河时，通常是以30s或更短的曝光时间以及较高的感光度进行拍摄，以保证拍摄到没有发生任何移动的星星，但对于昏暗的天空来说，即使银河与星星获得了足够的曝光，但画面仍然会显得极为暗淡，而且会产生大量的噪点，这也正是银河照片在后期处理时的重点。建议在拍摄时采用RAW格式，从而为后期处理留下更大的调整空间。

调修步骤

步骤 01　**确定照片的基调**

照片的素材照片较为昏暗，因此首先来调整其曝光及白平衡属性，从而确定其亮度与色彩上的基调。

在Photoshop中打开素材"第12章\12.9-素材.NEF"，以启动Adobe Camera Raw软件。

选择"基本"选项卡并向右拖动"曝光"滑块，以提高照片的曝光。

在基本调整好照片的曝光后，可以看出照片整体偏向于暖调色彩，而本例是要处理得到一种银河为紫色调、天空为蓝色色调的效果，因此下面来调整照片的白平衡，以初步确定其色彩。

分别拖动"色温"和"色调"滑块，以确定照片的基本色彩。

步骤 02 **深入调整曝光**

在确定照片的基调后，下面来深入调整照片的曝光。

向右侧拖动"对比度"滑块至+100，以提高照片的对比。

分别调整"高光""阴影""白色"和"黑色"滑块，以针对不同的亮度区域，进行曝光调整。

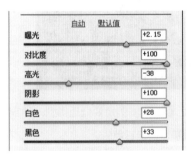

步骤 03 **提高照片的色彩饱和度**

向右侧拖动"自然饱和度"滑块，以提高照片的饱和度。

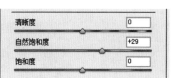

此处注意观察银河两侧天空的饱和度即可，银河以及右下方含有大量杂色的区域，会在后面做专门的调整。

步骤 04　调整银河

通过上面的处理，已经初步调整好了照片的曝光和色彩，下面将开始分区域进行优化调整，首先是对银河主体进行处理。

选择调整画笔工具，在右侧的参数区的底部设置适当的画笔大小、羽化等参数。

在右侧参数区的上面设置任意一个参数（只要不是全部为0即可），然后在银河上进行涂抹，再在右侧面板中分别调整各个参数，以调整银河的曝光、对比度、色彩等属性。

上面的操作先设置任意参数并涂抹，然后再设置详细参数，主要是为了先确定调整范围，这样在右侧设置的参数，才能实时地显示出来，从而调整出需要的效果。如果所有的参数都为0，将无法使用调整画笔工具 ✐ 进行涂抹，此时会弹出错误提示框。

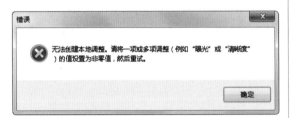

步骤05 调整天空

在完成银河主体的处理后，下面来对银河左右两侧的色彩进行调整，使其变为纯净的蓝色，其中右下角存在的大量杂色，也可以通过本次的操作进行覆盖。

选择渐变滤镜工具 ▣ ，在右侧设置任意参数，然后从右下角向左上方拖动，以确定其调整范围，然后在右侧设置其"色温"及"色调"参数，以改变银河右侧天空的色彩。

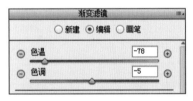

按照上述方法，再从左上角向右下方绘制一个渐变，并设置参数，以改变银河左侧天空的色彩。

步骤06 消除暗角

至此，我们已经基本完成了对照片各部分的曝光及色彩的处理，下面来消除照片的暗角，使整体更加通透。

选择"镜头校正"选项卡，并向右拖动"镜头晕影"区域中的"数量"滑块，直至消除暗角为止。

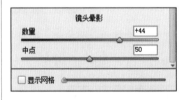

步骤07 消除噪点

将照片放大至100%可以看出，虽然本例的照片是使用尼康顶级数码单反相机D4S拍摄的，但由于使用了ISO1600、30s的拍摄设置，而且环境昏暗，因此画面在提亮后，显现出大量的噪点下面就来将其消除。

要特别说明的是，由于本例的照片设置的感光度较高、曝光时间较长，因此照片中出现了大量的星光，这对于照片表现来说并不是一件好事，因为大量的星光使照片显得非常凌乱，缺少层次感，因此下面在消除噪点时，将设置极高的参数，从而消除一部分暗淡的星光。

选择"细节"选项卡，在其中的"减少杂色"区域中分别拖动各个滑块，以消除噪点及暗淡的星光。

由于设置的参数极高，下方的建筑损失了大量细节，此时可以不用理会，在使用Photoshop进行调整时，会重新对此处的建筑进行处理。

下图所示是消除噪点后的整体效果，可以看

出，通过上面的处理，已经消除了很多星光，整体看来更加通透且有层次感。

步骤08 **导出JPG图片**

通过上面的操作，我们已经基本完成了在Camera Raw软件中的处理，下面要将当前的处理结果输出成为JPG格式，以便于使用Photoshop继续处理。值得一提的是，摄影师可以直接在Camera Raw软件中单击"打开照片"按钮，即可应用当前的参数设置，并以JPG格式在Photoshop中打开，但在本例中，将输出一个略小的照片尺寸，因此需要下述方法转换JPG格式照片。

单击Camera Raw软件左下方的"存储照片"按钮，在弹出的对话框中，设置其参数。

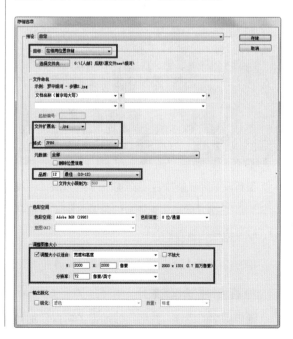

设置完成后单击"存储"按钮即可生成一个JPG格式的照片。

提示：若按住Alt键单击左下角的"存储照片"按钮，可以使用之前设置好的参数，直接生成JPG格式的照片。

注意此处不要退出Camera Raw软件，下面一步的操作中，还需要继续调整。

步骤09 处理建筑物照片

在步骤07中已经说明，由于消除噪点时使建筑照片损失了大量细节，因此下面来专门对建筑进行优化处理，然后在Photoshop进行合成。

选择"细节"选项卡，在其中重新调整"减少杂色"区域中的参数，这次是以建筑照片为准，在消除噪点的同时，尽可能保留更多的照片细节。

重新设置降噪参数后，按照第8步的方法，将其存储为JPG格式即可，无须专门设置名称，有重名时，软件会自动重命名。

单击"完成"按钮退出Camera Raw软件即可。

步骤10 叠加并抠选建筑照片

通过前面的操作，我们已经输出了两张分别针对天空和建筑进行降噪处理的照片，下面来将它们拼合在一起，并将建筑抠选出来，从而将两张照片中处理好的部分拼合在一起。

打开步骤08~步骤09中导出的照片，使用移动工具![移动]按住Shift键将步骤09导出的照片拖至步骤08导出的照片，得到"图层1"。

使用磁性套索工具![套索]沿着建筑的边缘选中建筑及其右侧的照片。

建筑左侧的照片是要修除的，因此无需选中。

单击添加图层蒙版按钮 ![蒙版] 为"图层1"添加图层蒙版即可。

此时，除左下角的照片外，建筑与天空照片都是我们所需要的部分，下面再对建筑的色彩进行美化处理。

单击创建新的填充或调整图层按钮 ![调整]，在弹出的菜单中选择"自然饱和度"命令，得到图层"自然饱和度1"，按Ctrl + Alt + C组合键创建剪贴蒙版，从而将调整范围限制到下面的图层中，然后在"属性"面板中设置其参数，以调整照片整体的饱和度。

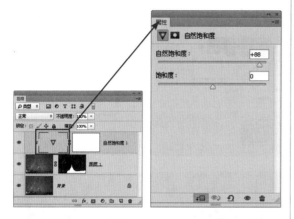

步骤 11　将照片的左下方处理为剪影

在当前的素材照片中，左下角的照片由于存在大量的人工光，因此存在大面积曝光过度的区域，并因此照亮其周围的景物，导致这里显得非常杂乱，因此下面将参考建筑右侧的照片，将此处处理为剪影效果。

使用磁性套索工具 ⬛ 沿着左侧照片的边缘绘制选区，以将其选中。

与建筑相交的区域多选一些没有关系，因为后面会用"图层1"盖住这里的剪影。

选择吸管工具 ⬛ 并在右侧的剪影照片上单击，从而将其颜色吸取为前景色。

选择"背景"图层并新建得到"图层2"，按Alt+Delete组合键填充前景色，按Ctrl+D组合键取消选区。

提示：当前剪影的上方还存在一些多余的元素，暂时不用理会，我们会在后面完成大块照片的处理后，再对这里的细节进行修饰。

步骤 12　为照片的左下方添加细节

通过上一步的操作，我们已经将照片的左下角区域填充为剪影，但对比照片的右下角，此处由于缺少地面元素而显得失真，因此下面将通过复制照片并适当处理的方法，为照片左下方区域添加细节。

按Ctrl键单击"图层1"的图层蒙版，以载入其中的选区，然后使用套索工具 ⬛ 并按住Alt键进行减选，得到类似下图所示的选区即可。

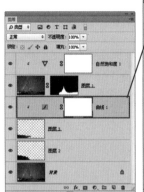
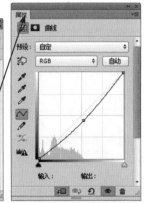

按Ctrl+Shift+C组合键或选择"编辑"－"合并拷贝"命令，再选择"图层2"并按Ctrl+V组合键执行"粘贴"操作，得到"图层3"。

按Ctrl+T组合键调出自由变换控制框，在控制框内单击右键，在弹出的菜单中选择"水平翻转"命令，然后将其移动至左下方，并适当调整其大小。

得到满意的效果后，按Enter键确认变换即可。

步骤13 **修饰照片的左下方及相关细节**

观察左下方的处理结果可以看出，从右侧复制过来的照片，与这里有一定差异，看起来不是很协调，因此下面来对其进行调暗处理。

单击创建新的填充或调整图层按钮 ⊘.，在弹出的菜单中选择"曲线"命令，得到图层"曲线1"，按Ctrl＋Alt＋G组合键创建剪贴蒙版，从而将调整范围限制到下面的图层中，然后在"属性"面板中设置其参数，以调暗照片。

下面来修除剪影上方多余的电线杆及杂色等照片。

选择"背景"图层并新建得到"图层4"，选择仿制图章工具 ▲ 并设置适当的参数。

使用仿制图章工具 ▲ 按住Alt键在电线杆附近的照片上单击以定义源照片，然后在电线杆及杂色等照片上进行涂抹，直至将其修除为止。

下图所示是单独显示"图层4"中照片的效果。

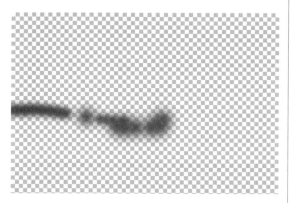

按照上述方法，在所有图层上方新建得到"图层5"，然后将建筑右侧多余的指标牌等照片修除，使照片整体更加干净、整洁。

步骤14 **调整建筑局部的色彩偏差**

观察建筑及其左侧的剪影可以看出，二者的色彩并不相同，而导致画面失真，下面就来解决此问题。

选择"图层5"，单击创建新的填充或调整图层按钮 ，在弹出的菜单中选择"色彩平衡"命令，得到图层"色彩平衡1"，在"属性"面板中选择"阴影"和"中间调"选项并设置参数，以调整照片的颜色。

此处只是为了调整建筑左下角的色彩，因此在调整时只关注对此处的调整即可，下面来利用图层蒙版将调整范围限制在建筑的左下角。

选择"色彩平衡1"的图层蒙版，按Ctrl+I组合键执行反相操作，设置前景色为白色，选择画笔工具 并设置适当的参数。

使用画笔工具 在建筑左下角进行多次涂抹，直至得到自然的蓝色色彩，与其左侧的剪影相匹配。

按住Alt键并单击"色彩平衡1"的图层蒙版可以查看其中的状态。

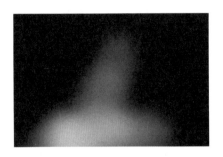

步骤15 **提升银河及建筑的立体感与细节**

为了让银河主体的细节更为突出，并提升其与建筑的立体感，下面将通过高反差保留的方法对二者进行处理。

选择"图层"面板顶部的图层，按Ctrl + Alt + Shift + E组合键执行"盖印"操作，从而将当前所有的可见照片合并至新图层中，得到"图层6"。

选择"滤镜"－"其它"－"高反差保留"命令，在弹出的对话框中设置"半径"数值为14.1，并单击"确定"按钮退出对话框。

设置"图层6"的混合模式为"柔光"，即可增强照片整体的立体感与细节。下图所示是处理前后的局部效果对比。

下面来通过添加并编辑图层蒙版，隐藏掉银河与建筑以外的效果，一方面是为了突出银河与建筑，另一方面是为了减弱周围星光的强度，避免照片失去层次。

单击添加图层蒙版按钮 ▣ 为"图层6"添加图层蒙版，设置前景色为黑色，选择画笔工具 ✐ 并设置适当的画笔大小及不透明度，在银河与建筑照片以外的区域涂抹以将其隐藏。

按住Alt键并单击"图层6"的图层蒙版可以查看其中的状态。

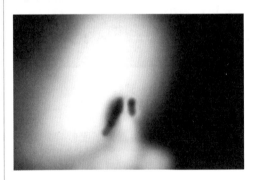

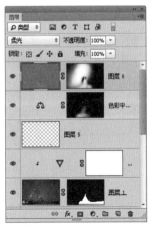